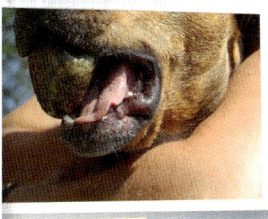

Jörg Tschentscher

Mensch-Hund Psychologie

WIE MENSCH UND HUND MITEINANDER LEBEN
UND SICH GEGENSEITIG BEEINFLUSSEN

ISBN 978-3-936188-50-9

Lektorat: Susanne Artmann
Fotos: Andrea Ballschuh, Jörg Tschentscher, ©dogfoto.slyzz.me, Gangwerk, Ila Golzari, Annette Gevatter, istockphoto.com

Satz & Layout: Annette Gevatter, Riegel a.K.
Illustrationen: Antonia Vogel, Kiel
Druck: Druckerei Mack, Schönaich

Alle Rechte der deutschen Ausgabe:
animal learn Verlag, Am Anger 36, 83233 Bernau
email: animal.learn@t-online.de, www.animal-learn.de

Ich bin ein Mensch
und Du bist ein Hund.
Du kannst nicht wissen,
was ich denke...

...ich weiß, denkt der Hund
und lächelt.

Inhalt

Vorwort

Jörg Tschentscher schreibt, was kommunikative Auftritte zwischen Hund und Mensch sind, was sie sein können, wie sie zustande kommen, was sie jeweils kontextspezifisch bedeuten, wie sie zu deuten sind und wie es zur Verständigung kommt. Er schildert Fallbeispiele für etliche Auftritte nonverbaler Kommunikation, die vom Hund bis in kleinste Detail „gelesen" werden, was dem Menschen ganz und gar nicht klar ist.

Jörg Tschentscher zeigt interessante Bereiche der Mensch-Hund-Kommunikation auf, wenn er beispielhaft schildert, was sich zwischen den Kommunikationspartnern abspielt, welche Übertragungskanäle jeweils wann aktiv sind, wie unsere Gedanken körpersprachlich sichtbar werden und wie Hunde jeweils darauf reagieren.

Ein kurzweiliges Buch mit Thesen, die es zu diskutieren gilt. Diesem „ganz anderen Herangehen" an die Mensch-Hund-Kommunikation wünsche ich ein aufgeschlossenes Leser-Publikum.

Dorit Urd Feddersen-Petersen,
im Mai 2009

Einführung

Menschen und Hunde leben in einer Form von symbiotischer Beziehung. Wir schätzen die Gesellschaft unserer Hunde, dafür füttern und pflegen wir sie und versuchen in der Regel auch, ihnen ein möglichst artgerechtes Leben zu bieten. Jagen dürfen unsere Hunde jedoch nicht und so können sie nicht zur Versorgung der sozialen Gemeinschaft beitragen. Was sie uns stattdessen geben, ist allerdings weitaus höher zu bewerten als Nahrung, die die meisten von uns sowieso im Überfluss besitzen. Sie schenken uns Nähe, ihre Zuneigung, bewerten uns nicht in unserem Verhalten und unterstützen uns. Und all dies tun sie, ohne je ungeduldig zu werden. Wir bekommen nie von ihnen zu hören „Mensch, hör auf zu jammern und texte mich nicht zu!" Offensichtlich liegt es in ihrem Wesen, dies nicht zu tun und ist nicht nur eine Frage dessen, dass sie – im menschlichen Sinne – nicht reden können. Dennoch können sie uns ihr Denken und Fühlen über ihre Körpersprache, ihre Mimik und eine Vielzahl von Gesten mitteilen.

Für viele Menschen stellt sich aber noch immer die Frage, ob Hunde uns wirklich verstehen. Können sie tatsächlich wahrnehmen, ob wir zum Beispiel traurig, nachdenklich oder zufrieden und glücklich sind? Weshalb reagieren sie auf unsere körpersprachlichen und mimischen Signale, auf unsere Stimme? Führende Wissenschaftler wie zum Beispiel Marc Bekoff von der University of Boulder, Colorado gehen davon aus, dass alle Säugetiere über eine bestimmte Bandbreite gleicher, zumindest aber sehr ähnlicher Gefühle verfügen. Wenn wir Tiere beobachten, können wir an ihren Verhaltensweisen erkennen, dass auch sie Trauer, Freude, Zuneigung, Abneigung, Mutterglück, Albernheit oder auch Wut empfinden. Wenn dem so ist, und ich gehe ebenfalls davon aus, erklärt dies auch das Erkennen dieser Gefühle beim Gegenüber, in diesem Fall also beim Sozialpartner Mensch. Und hier ist auch einer der Gründe dafür zu finden, dass Hunde offensichtlich gern die Nähe der Menschen suchen.

Wenn der Mensch seinen Gefühlen zusätzlich durch glückliche, neutrale oder traurige Töne Ausdruck verleiht, gibt dies dem Hund weitere wichtige Informationen darüber, wie dieser sich wohl gerade fühlt. Die gesprochenen Worte sind dabei nicht ausschlaggebend, denn das hundliche Verständnis für Sprache ist äußerst begrenzt. Es geht mehr um die akustische Lautmalung. Wahrscheinlich verstehen Hunde deshalb auch, dass wir traurig sind, wenn wir weinen, obwohl das Vergießen von Tränen nicht zu ihrem eigenen Ausdrucksverhalten gehört, somit für sie also schwerer zu verstehen ist.

Zusätzlich zu den akustischen Merkmalen kann der Hund aber auch anhand unseres körpersprachlichen Ausdruckverhaltens viel von unserer Stimmung erfassen. Ein tiefes Seufzen der Zufriedenheit sind Mensch und Hund ebenso gemein wie ein verspielter Luftsprung vor Freude oder ein wohliges Rekeln auf dem Sofa, um einen anstrengenden Tag entspannt ausklingen zu lassen.

Oftmals werden die optischen Gemeinsamkeiten zwischen Hund und Halter hervorgehoben und in Fernsehsendungen oder Zeitschriften wird das Paar mit der größten optischen Ähnlichkeit gekürt. Diese äußerlichen Übereinstimmungen werden dann gern als Maßstab für die „Bindung" (im Sinne von Verbundenheit) zwischen Hund und Halter hergenommen. Eine gute Bindung, die durch Föhnen und Stylen hergestellt werden soll – für mich ein mehr als fragwürdiger Ansatz.

Weitaus interessanter als die optischen Übereinstimmungen ist der soziale Umgang, den Mensch und Hund miteinander pflegen. Hier verbirgt sich das Potenzial, Probleme, die zwischen Hund und Mensch oder auch zwischen Hund und Hund entstehen, ursächlich und nicht nur symptomatisch anzugehen. Nur durch die Arbeit an der Ursache kann eine nachhaltig positive Veränderung erreicht werden. Eine Verhaltensunterdrückung oder kurzzeitige Korrektur bringt diesen erwünschten Erfolg nicht dauerhaft und birgt zusätzlich die Gefahr, Kompensationsverhalten zu provozieren, das zu neuen Problemen führt. Um aber an den Ursachen arbeiten zu können, muss man als Hundehalter wissen, wie und womit das Verhalten eines Hundes beeinflusst wird.

In den folgenden Kapiteln beleuchte ich die häufigsten Faktoren der gegenseitigen Beeinflussung, und da Psychologie zwar ein wahnsinnig spannendes Thema ist, im Übermaß aber auch langweilig werden kann, habe ich mich auf das Wesentliche beschränkt. Dieses Buch soll Sie dazu anregen, sich näher mit unseren vierbeinigen Begleitern zu befassen – und mit der Art und Weise, wie sie die Welt wahrnehmen und versuchen, sich uns mitzuteilen. Es soll Sie aber auch dazu ermutigen, bei eventuell anstehenden Problemen nach Lösungen zu suchen, die dem Wesen Ihres Hundes entsprechen und ihn nicht in seiner Würde verletzen.

Bei der Darstellung von Hunden auf Abbildungen/ Fotos spielt immer auch der Sympathiefaktor eine große Rolle. Der zähnefletschende Bullterrier oder der von einem Kind umarmte Labrador beeinflussen unsere Betrachtungsweise bewusst oder unbewusst, verkörpern aber nichtsdestotrotz platte Klischees, die ein rassetypisches Verhalten suggerieren, das es definitiv nicht gibt, denn das Verhalten eines jeden Hundes ist völlig individuell und von weit mehr Komponenten beeinflusst als nur der Genetik der Rasse. Sozialisierung, Erziehung, Erfahrung und viele weitere Faktoren formen bei Mensch und Tier gleichermaßen das Wesen und den Charakter eines Individuums. Auch bei der Darstellung der abgebildeten Menschen spielen die Emotionen des Betrachters eine Rolle.

Unsere Erfahrungen mit den unterschiedlichen Menschentypen können uns beeinflussen, wenn wir uns das Bild eines Menschen mit seinem Hund ansehen. Deshalb mein Tipp an Sie: Konzentrieren Sie sich auf die Körpersprache von Mensch und Hund auf der jeweiligen Darstellung. Welche Emotionen können Sie erkennen - und welche Gefühle werden in Ihnen bei der Betrachtung ausgelöst?!

Mit diesem Buch möchte ich Ihnen die spannende Welt der Emotionen, Gedanken und gegenseitigen Beeinflussung zwischen Mensch und Hund näher bringen. Wenn mir das gelingt, ist es mir eine große Freude.

Jörg Tschentscher

Die Grundlagen

Tierpsychologie

Der Begriff „Tierpsychologie" ist in den letzten Jahren äußerst populär geworden, vielleicht wurde er sogar etwas überstrapaziert... Jedenfalls ist es so, dass heutzutage alle möglichen und teilweise auch sehr unterschiedlichen Arbeitsansätze mit einem Tier unter diesem Begriff zusammengefasst werden. Laut Duden definiert sich die Psychologie als „Wissenschaft von den Erscheinungen des bewussten und unbewussten Seelenlebens".

Psychologie ist etwas Faszinierendes, sie ist aber auch komplex und befasst sich mit etwas nur schwer Greifbarem. Im Zusammenhang mit unseren Hunden ist das Thema Psychologie besonders spannend, denn tatsächlich glauben manche Menschen ja noch immer nicht, dass Tiere eine Seele haben und über ein bewusstes bzw. unbewusstes Denken verfügen. Von Beidem auszugehen, ist für mich nicht nur selbstverständlich, sondern bildet eine wichtige Grundlage meiner Arbeit, denn tatsächlich „knacke" ich so manchen Fall im Verhaltenstraining dadurch, dass ich davon ausgehe, dass

Hunde in manchen (nicht allen!) Bereichen ganz ähnlich denken und fühlen wie wir selbst. Die Entstehung und das Erleben von Angst, Frustration, Aggression oder auch Freude, Glück und Zärtlichkeit scheint nach neuesten Forschungserkenntnissen bei allen Säugetieren ähnlich strukturiert zu sein. Wer hierzu mehr wissen möchte, dem empfehle ich die Lektüre von Marc Bekoff, seine Arbeit über das Gefühlsleben der Tiere ist in der Literaturliste am Ende dieses Buches aufgeführt.

Tierpsychologische Arbeit beinhaltet neben dem Erstellen einer Analyse des gezeigten Verhaltens und dem Finden seiner Ursachen unter anderem auch, einen Dialog zwischen Hund und Halter herzustellen, um beide wieder auf einen *gemeinsamen* Weg zu bringen. Obgleich der Trainer ein gewisses Vertrauensverhältnis zum Hund aufbauen muss, um mit ihm arbeiten zu können, muss er sich ab einem gewissen Punkt aber auch im Hintergrund halten, um diese Gemeinsamkeit zwischen Hund und Halter nicht zu stören. Keineswegs ist es sinnvoll, wenn der Hund sich mehr am Trainer als am Halter orientiert, denn dies hat oft zur Folge, dass der Halter frustriert aufgibt, weil er in Gefühlen der eigenen Unfähigkeit versinkt, sich eventuell schuldig fühlt, weil er den Hund nicht so geschickt führen kann wie der Trainer und glaubt, „es liege sowieso alles nur an ihm und der Hund habe es woanders bestimmt besser".

Ein guter Trainer sollte sich deshalb darauf beschränken, Möglichkeiten aufzuzeigen, wie der Halter die anstehenden Probleme selbst in den Griff bekommen bzw. aktiv dazu beitragen kann, durch ein besseres Verständnis wieder mehr emotionale Nähe zu seinem Hund herzustellen. In einzelnen Fällen kann es hilfreich sein, wenn der Trainer die Führung des Hundes für einen kurzen Zeitraum übernimmt. Dies gilt insbesondere in den Fällen, in denen der Halter schon gar nicht mehr daran glaubt, dass sein Tier bestimmte Handlungen überhaupt ausführen kann. Recht schnell muss der Hund dann aber wieder zurück in die Hände des Halters, damit dieser selbst die Erfahrung macht, den Hund führen zu können. Zusätzlich macht somit auch der Hund die Erfahrung, von seinem Halter sicher und fair durch alle Lebenslagen gelotst zu werden, was sein Vertrauen in ihn stärkt.

Ein wichtiges Ziel der tierpsychologischen Arbeit besteht darin, ein echtes Team zwischen Hund und Halter entstehen zu lassen. Das klingt logisch und vor allem einfacher, als es ist. Denn Teamarbeit bedeutet, *miteinander* zu kommunizieren, also eine auf Gegenseitigkeit beruhende Kommunikation aufzubauen – und hierin sind viele Halter noch sehr wenig geschult. Für sie bedeutet Teamarbeit in der Regel, dass der Hund tut, was der Halter ihm sagt – und gut ist`s. Die Aufgabe des Trainers besteht an diesem Punkt also darin, den Halter darin zu schulen, die Bedürfnisse und rassespezifischen Eigenheiten seines Hundes zu erkennen, wo es geht zu erfüllen und auch zu akzeptieren, dass nicht jeder Hund in jedes Verhalten zu pressen ist. Als Beispiel sei hier eine Dame mit Putzfimmel genannt, die ernsthaft wollte, dass ihrem Golden Retriever abgewöhnt wird, ins Wasser zu gehen, oder ein 84jähriger Freiherr und ehemals passionierter Jäger, der in seinem hohen Alter nur noch ein Mal im Jahr auf die Jagd ging, sich aber einen Deutsch Kurzhaar aus einer Hochleistungszucht anschaffte und nun wollte, dass dieser junge, arbeitswillige Hund „ruhig und artig" zu Hause ist. Zu den schwierigen Arbeitsfeldern des Berufes des Tierpsychologen gehört es hier, einfühlsame, aber deutliche Worte zur mangelnden Passung zwischen Hund und Halter zu finden – und oftmals auch bei der Suche nach einem neuen Zuhause für den Vierbeiner zu helfen.

Hund und Halter müssen gemeinsam lernen.

Kommunikation

Der Kommunikation zwischen Mensch und Hund kommt eine besondere Bedeutung zu, da sie artübergreifend stattfindet. Es werden Kommunikationssignale vom Hund zum Halter und umgekehrt gesendet. Das Verstehen dieser Signale findet hauptsächlich auf zwei Wegen statt, nämlich dem intuitiven und dem erlernten Verstehen. Von einem intuitiven Verstehen sprechen wir dann, wenn ausgesendete oder auch empfangene Signale deshalb sofort verstanden werden, weil sie der eigenen Sprache/ der eigenen Wahrnehmung entsprechen. Hierzu zählt zum Beispiel das abrupte Stehenbleiben und Beobachten des Kommunikationspartners, das in der Regel dazu führt, dass auch dieser erst einmal in der Bewegung verharrt und versucht herauszufinden, was der andere will. Es kommt Ruhe in die Begegnung. Ein anderes Beispiel wäre der Einsatz einer sich zurücknehmenden, sich klein machenden Körpersprache, um das Einverständnis der Annäherung zu signalisieren, oder der einer wild gestikulierenden, weit ausladenden, nach vorne gerichteten, um den Hund auf Distanz zu halten.

Auch Hunde machen sich klein, um einem Gegenüber die Angst vor der Annäherung zu nehmen und friedliche Absichten mitzuteilen, oder
sie drücken die Gliedmaßen durch, Sträuben ihr
Fell und strecken den Körper insgesamt nach
vorn, um ein Gegenüber auf Distanz zu halten.
Es gibt viele weitere dieser Beispiele, die die
Ähnlichkeiten in der körpersprachlichen Kommunikation aufzeigen.

Gleichzeitig gibt es aber auch sehr unterschiedliche Kommunikationssignale, die nur dann artübergreifend verstanden werden, wenn das Gegenüber *gelernt* hat, sie zu deuten. Der Mensch muss zum Beispiel lernen, dass das Wedeln der Rute sehr viele verschiedene Bedeutungen
haben kann und durchaus nicht immer nur Freude ausdrückt, während
der Hund lernen muss, dass Menschen positiv gemeinte Zuwendung
dadurch zum Ausdruck bringen, dass sie nach ihm grabschen, ihn fest-
halten und beknuddeln. Es ließe sich ein ganzes Buch über die vielen,
vielen Beispiele schreiben, die zu diesem Bereich gehören.

Die Arbeit eines Tierpsychologen/ Trainers besteht nun also darin,
Mensch und Hund die jeweilige Fremdsprache beizubringen, was natürlich voraussetzt, dass er beide Sprachen wirklich gut beherrscht und
zusätzlich noch über ein gewisses pädagogisches Geschick verfügt, es
dem jeweils anderen zu vermitteln.

Noch schwieriger wird die Kommunikation, wenn innerartliche Probleme
zwischen Hunden auftreten, in die der Mensch eingreift. Wenn zum Beispiel zwei Hunde eine Rauferei beginnen, die ein Mensch beenden will,
so setzt dies voraus, dass er das Problem erkennt und adäquat löst –
und zwar unter Berücksichtigung der biologischen Gegebenheiten und
des Wissens, dass das eigene Verhalten das Verhalten der anderen
wertet, regelt, beeinflusst und verändert. Letzteres gilt natürlich auch
für artübergreifende Probleme (Hund/ Mensch). Über die damit verbun-
dene Verantwortung wurde bereits viel geschrieben (zum Beispiel Be-

koff, 2007). Es gilt immer zu bedenken: Jede vom Menschen herbeigeführte Verhaltensänderung wirkt sich auf das weitere Verhalten im korrigierten, aber auch in verwandten Verhaltensbereichen aus.

Oftmals greift der Mensch jedoch in Verhaltensweisen von Hunden ein,

- die entweder seinem ganz normalen Verhaltensrepertoire entsprechen und gar nicht korrigiert werden müssten. Hierzu zählt zum Beispiel das Belecken der Urinmarkierung eines weiblichen Hundes durch einen männlichen. Der Mensch mit seinen Wertvorstellungen des Ekels beim Anblick eines solchen Verhaltens schimpft den Hund mit einem „Aus!" und zieht ihn weiter. Für den Hund ist dieses Verbot unverständlich und löst Frustration aus.

- die seinem normalen Verhaltensrepertoire entsprechen, vom Menschen aber nicht akzeptiert werden können, weil sich daraus Gefahren ergeben. Hier sei als Beispiel das Jagdverhalten genannt, das ebenfalls dem ganz normalen Verhalten eines Hundes entspricht, aber trotzdem häufig vom Menschen unterbunden werden muss, da der Hund sonst von einem Jäger erschossen oder von einem Auto überfahren werden könnte.

- ohne sich ausreichend gut mit hundlichem Verhalten auszukennen. Das bedeutet, er greift nicht sinnvoll ein und verschlimmert dadurch das Verhalten eher, als es zu deeskalieren oder zu beenden. Das wohl bekannteste Beispiel hierfür ist eine harmlose Rauferei unter Hunden, die nach wenigen Sekunden beendet wäre, wenn nicht der Mensch hysterisch kreischend, brüllend und auf die Hunde einschlagend einwirken würde, so dass sich die Situation jetzt erst richtig aufheizt.

In diese Kategorie fallen auch noch Handlungen, deren Komplexität der Mensch nicht durchschaut, wenn er sich nicht wirklich intensiv mit hundlichem Verhalten beschäftigt hat. Ein Beispiel aus der Praxis: Mehrere Hunde laufen einen Weg entlang, einer von ihnen findet etwas

Fressbares. Sein Frauchen zieht ihn mit den Worten „Pfui ist das!" weg, so dass ihm einer der anderen Hunde das begehrte Futter vor der Nase wegschnappen kann. In der Folge entsteht eine Konkurrenzsituation zwischen den beiden Hunden, die sich sofort oder auch später in einem Konflikt entlädt – während die Halterin nicht versteht, warum die beiden sich „plötzlich" in der Wolle haben.

Interessant ist auch der umgekehrte Fall: Eine innerartliche Kommunikation zwischen Menschen, in die der Hund sich einmischt. Auch hier haben wir wieder die Möglichkeit des adäquaten bzw. inadäquaten Falles. Nehmen wir zum Beispiel an, Sie gehen mit ihrem Hund spazieren und werden von einer fremden Person angegriffen. Ihr Hund erkennt intuitiv die gefährliche Situation und greift durch Attackieren des Angreifers ein, worauf dieser von Ihnen ablässt und Sie gerettet sind – Sie sind froh und loben Ihren Hund für sein Verhalten.

Ein anderes Beispiel: Zwei Menschen umarmen sich innig, schlingen hierzu ihre Arme umeinander und tauschen Zärtlichkeiten aus. Für den Hund stellt sich diese Situation als bedrohlich dar, denn in seiner Körpersprache – und somit seinem Verstehen der Situation – kann allzu große körperliche Nähe schnell zu Auseinandersetzungen führen. Er wird also in bester Absicht versuchen, diese beiden Menschen voneinander zu trennen, indem er zum Beispiel splittend an ihnen hochspringt oder aufgeregt bellt, was ihm in der Regel auch spätestens dann gelingt, wenn die Leute voneinander ablassen, um dem Hund zu sa-

Eine innige Umarmung zwischen Menschen wirkt für viele Hunde bedrohlich.

gen, dass er jetzt Ruhe geben soll. Vom Menschen wird dieses Verhalten übrigens oft als „Eifersucht" fehlinterpretiert... Sie sehen also, Kommunikation ist nicht immer einfach. ☺

Um uns mitteilen zu können und auch selbst zu verstehen, müssen wir zu einer Form der Verständigung finden, die unser Gegenüber auch nachvollziehen kann. Welche Möglichkeiten hierfür gibt es bei Mensch und Hund?

Die Kunst der Verständigung

Wie schon gesagt, die Kommunikation zwischen Mensch und Hund ist eine ganz besondere. Wichtig: Hier versuchen sich zwei artfremde Wesen miteinander zu verständigen, auf einen „gemeinsamen Nenner" zu kommen. Aber wie schon an den oben erwähnten Beispielen deutlich wurde, können viele Missverständnisse aufkommen. Ebenfalls schon erwähnt kommt die Problematik hinzu, dass in den wenigsten Fällen wirklich ein Dialog, also ein *gegenseitiger Austausch* von Informationen stattfindet. Meist werden vom Menschen Kommandos gegeben, was – in Verbindung mit den Reaktionen des Hundes – fälschlicherweise bereits als Dialog gedeutet wird.

Um zu einem echten Dialog zu finden, ist es wichtig, verschiedene Kommunikationssignale, die sich in der so genannten Metakommunikation vereinen, isoliert zu betrachten, ihre Bedeutung zu erlernen und sie schließlich einzusetzen. Nehmen wir uns wieder ein Beispiel: Ein Hund sichtet am Horizont ein Reh, beobachtet es kurz und beginnt schließlich anzutraben, um ihm in Folge hinterher zu hetzen. Möchte der Mensch dieses Verhalten unterbrechen, muss er hierzu in die richtig eingesetzte Kommunikationsebene mit dem Hund einsteigen. Was ist hierbei zu beachten?

• Der Einsatz der Stimme: Brüllt der Mensch bedrohlich „STOPP! Und jetzt hierher!", wird er eventuell erreichen, dass der Hund vor Schreck stehen bleibt (also das unerwünschte Verhalten zunächst abbricht), jedoch kaum, dass er auch herankommt, denn seine Stimme ist so bedrohlich, dass der Hund lieber auf Distanz bleibt. Besser wäre es also, entweder nach dem gebrüllten „STOPP!" sofort wieder den Druck aus der Stimme zu nehmen und freundlich ins Herankommen zu rufen oder gar nicht erst zu brüllen, sondern mit einem zuvor positiv verstärkten Kommando mit sehr hoher Motivation abzurufen. Der Hund würde also nicht vor Schreck die Handlung abbrechen, sondern aus Begeisterung über die angebotene Alternativhandlung.

- Die Körpersprache: Ist der Mensch beim Abrufen sehr angespannt, steht er breitbeinig und nach vorne gebeugt, mit hohem Muskeltonus und angestrengter Mimik da, wird der Hund eher nicht kommen, denn all diese Signale geben ihm zu verstehen, besser auf Distanz zu bleiben. Ist unsere Körpersprache hingegen entspannt, die Mimik freundlich einladend und der Oberkörper leicht zurück gelehnt, so dass dem Hund der Raum gegeben wird, zu kommen, ohne in unsere nach vorne gestülpte Körperposition regelrecht hineinlaufen zu müssen, dann erhöht sich unsere Chance, dass der Hund zu uns kommt.

Damit ein Hund gerne kommt, sollte die Körpersprache des Menschen einladend sein.

Zusätzlich zu diesen Ausdruckselementen müssen wir aber noch weitere Punkte beachten:

- Wir müssen das Lernverhalten des Hundes berücksichtigen, was unter anderem beinhaltet, dass wir ihm die gewünschten Handlungen auf bestimmte Signalworte nicht erst in der Situation beizubringen versuchen, in der wir sie zuverlässig ausgeführt brauchen. Wenn Sie nun denken, dies sei doch selbstverständlich, so sei Ihnen aus jahrelanger Erfahrung versichert, dass diese selbstverständliche Betrachtungsweise von den meisten Hundehaltern zwar theoretisch verstanden, aber oft nicht praktisch umgesetzt wird. Nach wie vor muss immer wieder erklärt werden, dass Kommandos zunächst mit gar keiner oder nur sehr geringer Ablenkung eingeübt werden, um sie dann unter langsam, aber stetig steigender Ablenkung zur Perfektion zu bringen. Ebenso kann gar nicht oft genug in Erinnerung gerufen werden, dass positiv aufgebaute und verstärkte Kommandos besser vom Hund befolgt werden als solche, die mit Zwang, Drohung und Härte einstudiert wurden, da durch sie Ängste im Hund ausgelöst werden können, die einem sicheren Befolgen im Wege stehen. Wurde zum Beispiel das Kommando des Herankommens über Drill und Härte einstudiert, wird der Hund jedes Mal, wenn dieses Kommando gegeben wird, an die angstbesetzte Übungssituation erinnert, weshalb er – zumindest kurz – zögern wird, ganz dicht zu seinem Halter zu kommen, denn bei ihm wurde eine so genannte social brain – social pain Verknüpfung her-

Terry hat das Herankommen über positive Bestärkung gelernt.

gestellt, bei welcher der Hund den durch Zwang (zum Beispiel durch Leinenruck, Einsatz eines Sprühhalsbandes oder anderer Starkzwangreize) erlebten Schmerz oder die dabei erlebte Angst schon beim Erkennen der Situation verspürt, ohne dass ein erneuter Impuls gesetzt wurde.

- Zusätzlich gilt es, das Gefühl der Gemeinschaft zwischen Mensch und Hund herzustellen. Im Idealfall und richtig aufgebaut würde das bedeuten, dass der Hund lieber etwas mit seinem Menschen gemeinsam unternimmt als allein. Hierzu aber mehr in den folgenden Kapiteln.

- Last not least sei auch noch das Beispiel des Abrufs auf Pfiff mit einer Hundepfeife erwähnt. Viele Halter glauben, dass allein das Ertönen des Pfiffs ausreicht, um einen Hund in den zuverlässigen Gehorsam zu bringen, aber das ist natürlich nicht so. Auch dieses Signal muss, wie alle anderen auch, zunächst konditioniert werden, bevor es für den Hund eine Bedeutung erhält. Deshalb ist es auch unsinnig, einen Hund, der auf Zuruf nicht kommt (mangelnde Konditionierung bzw. Erziehung), stattdessen einfach mit einem Pfiff abrufen zu wollen.

Der Pfiff mit der Trillerpfeife ist kein Garant für zuverlässiges Herankommen.

Zusammengefasst bedeutet das, dass Stimmmodulation, Stimmdruck und die begleitende Körpersprache und Mimik des Halters für den Hund eine wesentlich direktere und bedeutsamere Aussage haben als einzelne Kommandowörter.

Probleme erkennen

Jeder Weg beginnt mit dem ersten Schritt. Das ist auch im Umgang mit unseren Hunden so. Verhält sich ein Hund anders, als der Mensch es wünscht, steht schnell das Wort „Problemhund" im Raum und ehe man sich versieht, geben Nachbarn, Freunde oder auch flüchtige Gassibekanntschaften gerne – gefragt oder ungefragt – das ultimative Patentrezept zur Verhaltenskorrektur zum Besten. Vergessen wird dabei jedoch oft, dass das jeweilige unerwünschte Verhalten nur von uns Menschen, nicht aber vom Hund, als problematisch angesehen wird. Es ist also enorm wichtig, sauber zwischen einem so genannten *unerwünschten Verhalten* und einer echten *Verhaltensanomalie* zu unterscheiden, was übrigens wieder genaue Kenntnisse über hundliches Verhalten voraussetzt. Erinnern Sie sich noch an das Beispiel des Rüden, der an der Urinmarkierung einer Hündin leckte? Der Halter des Rüden war der Meinung, sein Hund sei verhaltens*gestört*, da er nicht wusste, dass das gezeigte Verhalten völlig normal ist.

Klären wir den Unterschied also noch einmal anhand eines Beispiels: Sie gehen mit Ihrem Hund spazieren, Ihnen kommt ein anderer Halter mit Hund entgegen und Ihr Hund baut sich an der Leine auf, ist dabei ziemlich laut und offensiv. Sie fühlen sich massiv unter Druck gesetzt, da Sie nun auch noch vom anderen Halter angesprochen werden, Sie sollen Ihren Hund unter Kontrolle bringen, während der an der Leine randaliert, tobt und kaum zu halten ist. Hier haben wir übrigens ein gutes Beispiel für biochemische (Adrenalin, Noradrenalin etc.) und körpersprachliche Kommunikation.

Bei der Analyse dieser Situation zur Erstellung eines Trainingsplans zur Verhaltensänderung sind zwei Punkte zu beachten: Erstens bedarf es einer Klärung, *warum* Ihr Hund sich so verhält, denn nur das Erkennen der Ursache führt zu einem erfolgreichen Gegentraining, und zweitens sollte man sich darüber im Klaren sein, dass Sie es sind, der/ die

in erster Linie ein Problem mit dem Verhalten des Hundes hat. Ihr Hund verhält sich instinktiv und hat – abgesehen von einer eventuellen Beeinflussung Ihrerseits über die Leine – kein Problem mit seinem Verhalten. Sie geraten jedoch unter Druck, weil Sie zum Beispiel Angst haben, den Hund nicht halten zu können, es peinlich finden, unangenehm aufzufallen usw.

Beide Ebenen müssen im folgenden Training beachtet werden, denn Ihr Verhalten beeinflusst wiederum das Ihres Hundes. Je nervöser, hektischer, harscher oder hysterischer Sie auftreten, desto heftiger reagiert Ihr Hund auf die Situation; denn sein Verhalten wird durch seine eigene (zum Beispiel durch gemachte Erfahrungen) *und* Ihre (zum Beispiel durch Stimmungsübertragung) Gefühlswelt bestimmt.

Das Verhalten des eigenen Tieres wird auf der Basis unseres Erfahrungsschatzes mit diesem Hund (und anderen) interpretiert. Dazu gehört nicht nur alles, was wir über seine Körpersprache gelernt haben, sondern auch die bereits gesammelten Erfahrungen, wie bisher in bestimmten Situationen reagiert wurde.

Eine ganz wichtige Rolle spielt jedoch auch das Gefühlsleben des Menschen, seine Stimmungslage in diesen Momenten. Hat der Halter Angst vor einer innerartlichen Begegnung, weil sein Hund zum Beispiel schon einmal von einem anderen gebissen wurde, oder freut er sich, weil da ein potentieller Spielkumpan für seinen Hund kommt? Diese Gefühle seines Menschen nimmt der Hund wahr und sie wirken sich unmittelbar auf seine eigene Stimmungslage aus. Und damit nicht genug – sein Verhalten wirkt sich wiederum ganz deutlich auf das Empfinden des Halters aus, mit dem er in eine Begegnung geht. Das klassische Beispiel für eine gegenseitige Beeinflussung.

Unsere Hunde kommunizieren zu einem großen Teil (ca. 80%) über Körpersprache und Mimik. Bei uns Menschen liegt der Anteil dieser Kommunikationsform bei ca. 50% und nur in besonderen Situationen bei maximal 80% (M. E. Beutel u. a., Psychotherapeut 03/ 2005). Trotzdem zeichnet sich jedes Gefühl, jeder Gedanke in unserer Körpersprache ab, wenn auch oft unbewusst.

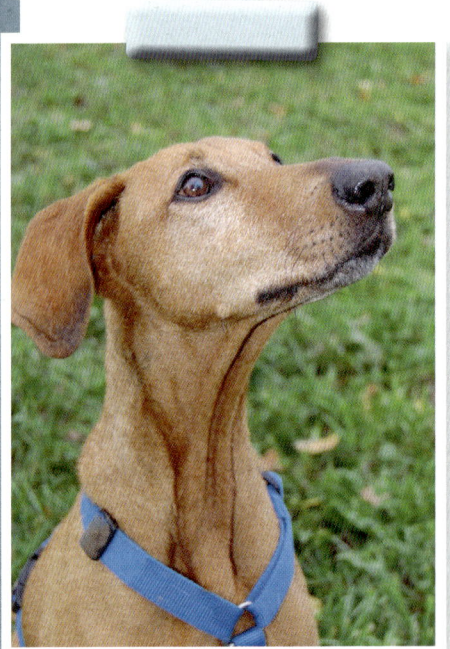

Hierzu zwei Beispiele:
Beim entspannten Spaziergang mit unserem Hund spielen wir mit ihm und bauen in das Spiel einige Übungen ein. So stehen wir frontal vor ihm, heben den Zeigefinger über seinen Kopf und noch bevor wir „sitz" sagen können, sitzt unser Hund mit freudigem Gesicht vor uns. Seine Augen strahlen, der Fang ist leicht geöffnet und die Lefzen sind zurückgezogen.

Ein anderes Mal sind wir mit unserem Hund unterwegs, als dieser etwas sieht und durchstartet. Alles Rufen nützt nichts, er ist davon.

Nach fünf Minuten taucht er wieder auf. Wie zuvor in der Spielszene stehen wir frontal zum Hund, mit erhobenem Zeigefinger – nur dieses Mal meidet er den Blickkontakt, schnuppert hier und da, nähert sich nur langsam, läuft dabei Bögen und ist darauf bedacht, einen gewissen „Sicherheitsabstand" zu uns zu wahren.

Was verursacht das veränderte Verhalten uns gegenüber? Wie bereits beschrieben, drücken sich unsere Gedanken und Gefühle in unserer Körperhaltung aus. Haben wir uns beim Spiel mit dem Hund gefreut und waren stolz auf ihn, sind wir im zweiten Beispiel ärgerlich, weil er nicht auf unser Rufen reagiert hat. Meist ist es uns nicht einmal bewusst, doch unsere Haltung ist natürlich eine ganz andere, wenn wir uns aufregen und ärgerlich sind. Für den Hund ein untrügliches Zeichen, dass mit uns gerade „nicht gut Kirschen essen ist" und er deshalb lieber auf Abstand bleibt.

Multi Tasking

Die Fähigkeit zur Kommunikation steht sowohl beim Menschen als auch beim Hund außer Frage. Probleme entstehen meist dadurch, dass zwar kommuniziert wird, doch nicht immer wirklich miteinander, oder dadurch, dass zu viele Dinge gleichzeitig erledigt werden sollen, wodurch letztendlich dann gar nichts mehr richtig klappt.

Wer schon einmal während eines Spaziergangs mit dem Hund einen wichtigen Anruf erhalten hat, kennt die im Folgenden beschriebene Situation: In dem Moment, in dem sich der Mensch auf das Gespräch konzentriert und die Aufmerksamkeit gegenüber dem Hund nachlässt, beschließt dieser, der wohlriechenden Fährte im Wald nachzugehen. Da der Mensch weder den wichtigen Gesprächspartner verprellen noch dem Hund die Gelegenheit zur Jagd geben möchte, kommt er in einen regelrechten Kommunikationskonflikt. Die Stimme wird angespannter und höher, der Sprachrhythmus schneller, die Körpersprache drückt den Zwiespalt aus. Für den Hund ist dies keine klare Kommunikation, mit der er etwas anfangen kann, kein Wunder also, dass er sich anderen Interessensgebieten zuwendet. Aber nicht nur das wird zum Problem, lesen Sie selbst über die möglichen Auswirkungen:

Wirkung von Multi Tasking auf Ihren Hund aus physiotherapeutischer Sicht

In der heutigen Zeit wird der Alltag immer stressiger, mehrere Tätigkeiten werden zur selben Zeit erledigt. Der Begriff Multi Tasking ist für das gleichzeitige Tun von mehreren Dingen mittlerweile weit verbreitet. (WDR5, LebensArt „Alles auf einmal", 11.11.2008) Bei vielen Menschen entwickelt sich Multi Tasking automatisch durch die vielen Erledigungen, die anfallen. Dies gilt nicht nur für die Arbeit, sondern auch im Alltag. Gleichzeitig wird telefoniert, die Wohnung aufgeräumt und nebenher läuft der Fernseher. Vielleicht kommt dann noch der Partner oder ein Freund und will eben etwas abklären. Schnell gerät man in die Situation, Multi Tasking anzuwenden.

Doch dies führt zu Stress, der sich auch auf Ihren Körper auswirkt. Diese Stressreaktionen sind ursprünglich für Notsituationen gedacht, das heißt für das Agieren bzw. Reagieren bei Unfällen, Kriegen oder bei der Flucht. In solchen Situationen ist die Ausschüttung der Stresshormone lebensnotwendig, damit der Körper Höchstleistungen vollbringen kann, die das Überleben sichern.

Doch für den Alltag ist diese Ausschüttung ungünstig und sehr belastend, insbesondere, wenn der Organismus sie häufig erfährt. Hinzu kommt, dass durch das Tätigen von mehreren Dingen gleichzeitig die Qualität für das Einzelne verloren geht. Gehen Sie zum Beispiel mit Ihrem Hund spazieren, sind gleichzeitig mit anderen Sachen beschäftigt oder belastende Gedanken gehen Ihnen durch den Kopf, weitet sich diese Spannung auf ihren Körper aus. Die volle Konzentration auf eine Sache ist dabei unmöglich, das heißt in dem Fall auch nicht auf den Hund.

Alle inneren Anspannungen eines Menschen verursachen auch äußere Anspannungen. Ist Ihr Kopf voll von der Arbeit, von privaten Problemen oder einfach einem stressigen Tag, kommt es automatisch zu Muskelanspannungen. Dadurch werden die Schultern hoch gezogen, der Gang wird durch diese Spannung kleinschrittiger, der Armschwung kleiner und ruckartiger. Dies führt zu einer körperlichen und dadurch wiederum auch zu einer inneren/ geistigen Einschränkung, wodurch sich die Muskelspannungen weiter verstärken. Es treten überall Schmerzen auf, was diesen „Teufelskreis" noch weiter antreibt, da durch die Schmerzen zusätzlich Spannung und Einschränkungen hervorgerufen werden.

Diese innere und äußere Anspannung spürt Ihr Hund. Hunde sind sehr sensibel für die eingesetzte Körpersprache und nehmen all Ihre ausgestrahlten Signale auf. Darum: Laufen Sie sich frei, zu Ihrem Wohle und dem Ihres Hundes. Gönnen Sie sich eine Aus-(lauf)zeit ohne Telefon und belastende Gedanken. Umso besser geht es Ihnen hinterher, denn dann ist der Kopf wieder frei für alles andere. Vielleicht haben Sie heute genug gearbeitet und sich mit negativen Gedanken belastet. Konzentrieren Sie sich auf sich und Ihren Hund. Genießen Sie die freie Zeit, das wird Ihr Hund dann auch spüren.

Gabriele Kiesling & Charlotte Glasow

Von der Wichtigkeit der Kommunikation

Der Kontakt zu anderen Menschen ist für uns wichtig und bereichernd. Wir lernen durch neue Kontakte andere Einstellungen zu Sachverhalten kennen und erleben manchmal durch Sprache, Körperkontakt und die Wahrnehmung des individuellen Geruchs Nähe und Zuneigung – oder genau das Gegenteil. Aber ganz gleich ob der neue Kontakt positiv und anregend oder eher negativ und abstoßend verlief, dieser Austausch ist für uns elementar wichtig. Es gibt unzählige Untersuchungen zu diesem Thema, unter anderem ist zum Beispiel erwiesen, dass Menschen, die in einer glücklichen Partnerschaft leben, in der Regel gesünder sind und älter werden als Menschen, bei denen das nicht so ist.

Ganz gleich wie der Austausch im Einzelfall verläuft, er ist nur möglich, wenn ich mein Gegenüber zur Kenntnis nehme und mich mit ihm befasse. Der Kontakt kann eine Bereicherung oder eine Gefahr für mein Leben sein, und um festzustellen, welche der beiden Möglichkeiten gegeben ist, muss ich mich mit dem Gegenüber auseinandersetzen. Für unsere Hunde gilt das gleiche, aber oft werden sie durch überbesorgte Halter an diesem wichtigen Kontakt gehindert. Der kleine Jack Russell-Terrier darf zum Beispiel nicht mit dem Riesenschnauzer spielen, weil das Frauchen des kleinen Hundes Angst hat, er könnte über den Haufen gerannt werden. Es gilt jedoch zu bedenken: Hunde sind hoch soziale Lebewesen, die den Austausch mit ihresgleichen brauchen. Selbst ein sehr ambitionierter Halter mit unendlich viel Zeit und Verständnis für seinen Hund kann diesem nicht den Kontakt mit Artgenossen ersetzen. Trotz seiner engen Bindung zum Menschen ist der Kontakt zu „Gleichartigen" von großer Bedeutung für den Hund.

Wege der Kommunikation

Achte auf Deine Gedanken,
denn sie werden Deine Worte...

Achte auf Deine Worte,
denn sie werden Deine Taten...

Achte auf Deine Taten,
denn sie werden Deine Gewohnheiten...

Achte auf Deine Gewohnheiten,
denn sie werden Dein Charakter...

Achte auf Deinen Charakter,
denn er wird Dein Schicksal...

Und Dein Schicksal beginnt jetzt -
mit Deinen Gedanken

(aus dem Talmud)

Womit beeinflusst der Mensch das hundliche Verhalten?

Wie schon im vorherigen Kapitel erwähnt, beeinflusst der Mensch das hundliche Verhalten (bewusst oder unbewusst) durch Stimme und Körpersprache und zusätzlich über erlernte Kommandos, die vom Hund ein bestimmtes Verhalten einfordern oder verbieten. Diese Kommandos

kann er aber nur dann umsetzen, wenn er bestimmte Aktionen mit ihnen verknüpft hat. Somit müssten wir hier eigentlich eher von einer erlernten Konditionie-

rung sprechen als von sozialer Kommunikation. Trotzdem kann auch die Ausführung eines Kommandos ein Bestandteil der Kommunikation sein.

Eine Aktion wird zum Beispiel entweder durch ein Kommando hervorgerufen oder durch ein Abbruchsignal beendet, in beiden Fällen verändert sich der Dialog. Das ist vergleichbar mit dem Empfang von Besuch: Wenn er herein kommt, wird er begrüßt und es wird ein Gespräch eingeleitet, und wenn er wieder geht, wird das Gespräch beendet und hinterher gewunken.

Besonders großen Einfluss auf das Verhalten des Hundes hat unsere Stimmung, die sich unter anderem in Körpersprache und Stimmlage niederschlägt. Dies ist einer der Gründe, weshalb ein Hund ein an sich „gut sitzendes" Kommando unter gewissen Umständen nicht (oder nur zögerlich) ausführt.

Ein weiterer wichtiger Faktor, den es bei der Frage, wie und wodurch ein Hund sich in seinem Verhalten vom Menschen beeinflussen lässt, zu beachten gilt, ist die Bindung zwischen ihm und seinem Halter. Und nicht zuletzt spielen auch Mentalität, Charakter und Wesen des Hundes eine Rolle. Betrachten wir diese beiden Punkte einmal genauer:

Wie eng die Bindung ist, die ein Hund zu seinem Menschen eingeht, hängt von vielen Faktoren ab. Lebt der Hund mit seinem Halter allein oder in einer großen Familie mit mehreren ihn betreuenden Personen? Wird er viel allein gelassen oder verbringt er die meiste Zeit mit seinem/n Menschen? Ist es den Haltern gelungen, eine gute Vertrauensbasis zu ihrem Hund aufzubauen oder hat der Hund eher das Gefühl, auf sich allein gestellt zu sein? Und last not least wird dem Hund das Gefühl des Angenommenseins und der Geborgenheit von seinem/n Menschen entgegengebracht, wird ihm vermittelt, dass er ein geschätztes Mitglied der Gemeinschaft ist? Werden diese Fragen im Idealfall alle, oder doch zumindest viele davon mit „ja" beantwortet, ist davon auszugehen, dass alle Voraussetzungen geschaffen wurden, dass der Hund eine enge Bindung zu seinem Halter eingehen kann und dies auch tut.

Allerdings ist es wichtig, dass diese Bindung nicht *zu* eng wird, denn dann kommt der Hund in eine ungesunde emotionale Abhängigkeit zu seinem Halter, die zu unterschiedlichen Verhaltensproblemen führen kann. In diesem Fall kann man beobachten, dass der Hund seinem Halter auf Schritt und Tritt folgt und wenig Eigeninitiative zeigt – was übrigens häufig dazu führt, dass er als in der Haltung „problemlos" beschrieben wird.

Andere Hunde orientieren sich zwar an ihren Haltern, sind aber auch offen für den Kontakt mit anderen Menschen oder Tieren, zum Beispiel Artgenossen, die sie zum Spiel auffordern. Sie sind aktiver als die zuvor erwähnten Hunde. Und wieder andere sind selbständiger und nutzen einen deutlich größeren Bewegungsradius um ihre Menschen. Sie sind relativ autark und machen schon gern mal „ihr eigenes Ding", wobei sie aber im Blickfeld des Halters bleiben und den Kontakt zu ihm halten. Dieses Verhalten wird von vielen Besitzern bereits als problematisch empfunden, da sie glauben, dass ihnen die unmittelbare Möglichkeit fehlt, auf den Hund Einfluss zu nehmen. Bei näherer Be-

trachtung stimmt das meist gar nicht, der Hund kommt auf Zuruf sogar recht zuverlässig, nur der Halter hat den Satz im Kopf „Wenn Dein Hund eine bestimmte Distanz von Dir erreicht hat, kannst Du nichts mehr machen." Und mit diesem Satz im Kopf ertönt der Abruf schon so zögerlich, dass der Hund dann tatsächlich nicht reagiert – worauf sich die Befürchtung des Halters aus seiner Sicht bestätigt, der Hund sei dann eben nicht mehr abrufbar. Jetzt beginnt in der Regel ein unseliger Kreislauf: Der Halter will, dass der Hund im unmittelbaren Einwirkungsbereich bleibt, der Hund will laufen. Der Halter ruft dauernd ab, während der Hund ständig versucht, weitere Kreise zu ziehen – irgendwann endet es in der Regel dann damit, dass der Hund nur noch an der Leine ausgeführt wird, weil der Halter glaubt, er sei sonst nicht unter Kontrolle. Die Frustration des Hundes durch die mangelnde Bewegung führt dann zu Verhaltensproblemen.

Schließlich gibt es noch einige Hunde, die den Eindruck vermitteln, dass sie Kommandos grundsätzlich komplett ignorieren. Hier muss allerdings zunächst die Frage gestellt werden, ob der Hund die Verknüpfung zwischen Kommando und dazugehöriger Aktion hergestellt hat. Genauer gesagt: Hat er überhaupt gelernt, welche Handlung durch die Nennung eines Kommandos erwartet wird? Hierzu ein Beispiel aus der Praxis:

Eine Hundehalterin gibt ihrem Hund ohne zusätzliches Handzeichen das Kommando „Platz". Der Hund legt den Kopf schief und hechelt ein wenig. Sie wiederholt das Kommando, woraufhin der Hund eine Pfote hebt. Darauf erfolgt keine Reaktion der Halterin. Der Hund winselt und „pötelt" erneut, die Halterin wiederholt das Kommando noch einmal wesentlich energischer, der Hund beginnt stärker zu hecheln und legt die Ohren an. Jetzt ignoriert die Halterin ihren Hund und nach 20 Sekunden legt dieser sich seufzend hin. Kommentar der Halterin: „Jetzt sehen Sie, was ich meine. Der ist nur stur, alles muss man x-Mal sagen." Die einfache Erklärung für diese „Sturheit": Der Hund kam aus Spanien, war noch nicht lange in Deutschland und konnte mit dem Wort „Platz" nichts anfangen. Eine Hilfe über das nach unten gerichtete Handzeichen bekam er auch nicht – wie sollte er also verstehen, was man von ihm wollte?! Seine Versuche herauszubekommen, was man von ihm wollte, verliefen im Nichts, worauf er sich schließlich frustriert und mit einem Seufzen hinlegte. Auf das Kommando „Tiendete" und ein entsprechendes Handzeichen legte sich der Hund übrigens sofort und in freudiger Erwartung auf ein Leckerchen ab.

Dieser Hund ist unschlüssig, was von ihm verlangt wird und kratzt sich deshalb erst einmal...

Schaut man sich das Verhalten des Hundes auf das gegebene Kommando hin an, werden Übersprungs-, Ausweich- und Alternativverhalten deutlich – ein hoch interessanter Bereich in der Kommunikation zwischen Mensch und Hund.

Oft wird den Hunden unterstellt, sie würden bewusst nicht reagieren, das Ausführen von Kommandos *verweigern*. Ein solches Verhalten hat jedoch immer einen Hintergrund. Dazu gehören:

- Erfahrungen, die das Tier in seinem bishe-rigen Leben gemacht hat. Seine Reaktio-nen resultieren aus diesen Erfahrungen. Die von oben nach unten geführte Hand mit weiter Ausholbewegung wird häufig als Geste für das „Platz"-Kommando auf Dis-tanz verwendet. Diese Geste ähnelt einer Aushol- und Wurfbewegung. Hunde, die mit Steinen o. Ä. beworfen wurden, werden diese Armbewegung unter Umständen mit Flucht oder Meideverhalten beantworten – oder mit einem Erstarren vor Schreck.

- Individuelle Veranlagung des Tieres, also sein Wesen und sein Charakter.

- Altersbedingte Gegebenheiten, zum Beispiel verschlechtertes Seh- und/ oder Hörvermögen, abnehmende Gelenkigkeit und die damit verbundenen Schmerzen oder eine gewisse Alterstüddeligkeit.

- Medizinische Probleme (einzeln oder in Kombination auftretend):
  - Schilddrusenunterfunktion
  - Hyper- oder Hypotonie
  - Cushingsyndrom
  - Tumorerkrankungen
  - Gelenk- bzw. Wirbelsäulenerkrankungen
  - Schmerzen, besonders chronische und dauernd anhaltende
  - Depressionen

Dass ein Hund ein Kommando nicht ausführt, bedeutet übrigens nicht, dass er es, wie so oft behauptet, bewusst verweigert oder uns ignoriert, was wiederum viele Menschen damit gleichsetzen, der Hund würde nicht mit uns kommunizieren. Tatsächlich kann es aber sein, dass er es nicht ausführt, weil er Schmerzen oder andere körperliche Probleme hat, weshalb Sie unbedingt einen Tierarzt aufsuchen sollten, wenn sich Ihr Hund im Wesen/ in seinen Reaktionen verändert und sie keine andere, offensichtliche Erklärung dafür haben. Und auch das Ignorieren bedeutet bei weitem nicht, dass der Hund nicht mit uns kommuniziert, denn auch das bewusste Meiden des Blickkontaktes und das Nicht-Reagieren auf Ansprache ist eine Form der Kommunikation – es könnte sich zum Beispiel um Beschwichtigung handeln.

Ergänzend sei noch erwähnt, dass die zuverlässige Ausführung von Kommandos nicht unbedingt Auskunft darüber gibt, ob der Hund eine gute Bindung zu seinem Menschen hat. Obgleich der Gehorsam immer wieder dafür herhalten soll, die Beziehung zwischen Hund und Halter zu überprüfen, würde ich dieser Idee widersprechen, denn ein Hund kann seine Kommandos nahezu perfekt beherrschen und ausführen, ob er seinem Halter vertraut, ihn respektiert und liebt, sagt mir dieser Umstand aber nicht. Im Gegenteil habe ich schon viele Hunde beobachtet, die perfekt gehorchten – aber leider nur aus Angst davor, mit welchen Konsequenzen seitens des Halters sie zu rechnen hätten, wenn sie es nicht täten. Kein schöner Anblick übrigens...

Manche Hunde gehorchen nur deshalb „perfekt", weil sie Angst vor einer Bestrafung haben.

Der zweite Punkt, den es bei der Frage, in wieweit sich ein Hund von seinem Menschen beeinflussen lässt, zu beachten gilt, ist die Frage von Mentalität, Charakter und Wesen. Hier ist es zum Beispiel von großer Bedeutung, welcher Rasse (oder Mischung) er angehört. Bei einigen Rassen (zum Beispiel den Hütehunden) wurde während der Zucht großer Wert auf einen hohen „will to please" gelegt, bei anderen Rassen (zum Beispiel den Herdenschutzhunden) wollte man genau den nicht, denn der Hund sollte eigenständig arbeiten. Eine Kollegin von mir hält in ihrer gemischten Hundegruppe sowohl einen Herdenschutzhund als

auch zwei Hütehunde und Sie können mir glauben, dass es große Unterschiede darin gibt, wie diese Hunde geführt werden wollen und sollen. Es ist also in jedem Fall ratsam, sich vor der Entscheidung für einen Hund damit auseinander zu setzen, welcher Rasse oder Rassemischung er angehört, und sich zu fragen, ob man mit den zu erwartenden Wesenszügen und Charaktereigenschaften leben kann und will.

Weitere wichtige Faktoren, die die Entwicklung von Charakter, Mentalität und Wesen beeinflussen, sind die Aufzuchtbedingungen, die Sozialisierung, die individuellen Erfahrungen und letztendlich auch die individuelle Veranlagung. Es ist zum Beispiel von entscheidender Bedeutung, ob der Hund in einem liebevollen Umfeld aufwächst, das ihm Sicherheit und Geborgenheit vermittelt oder nicht. Ob er die Möglichkeit des selbständigen Erkundens bekam oder überbehütet von allem fern gehalten wurde, was dem Halter nicht geheuer war – denn in letzterem Fall ist es kaum möglich, dass der Hund ein gesundes Selbstbewusstsein entwickelt. Nehmen wir auch letzteres Beispiel, um noch einmal näher auf die gegenseitige Beeinflussung zwischen Mensch und Hund einzugehen.

Der Mensch hält seinen Hund von vielen Umweltreizen und/ oder Menschen und Artgenossen fern, weil er befürchtet, er könnte schlechte Erfahrungen machen. Der Hund macht deshalb keine Erfahrungen im Umgang mit den genannten Punkten und spürt gleichzeitig die Unsicherheit seines Halters. Deshalb entwickelt er sich tatsächlich zu einem eher ängstlichen, zumindest aber sehr zurückhaltenden Wesen – was den Halter darin bestärkt, seinen Hund von diesen Reizen fernzuhalten, weil der ja so schüchtern ist, dass ihn die Konfrontation mit ihnen überfordern würde. Und so beginnt wieder ein unguter Kreislauf.

Wie kommunizieren Hunde mit uns?

Hunde kommunizieren auf vielfältige Art und Weise mit uns:

- Sie setzen ihre Körpersprache und Mimik ein,
- versuchen, Blickkontakt herzustellen oder bewusst zu vermeiden,
- benutzen ihre Lautgebung,
- setzen Duftstoffe ab, die von uns meist weder wahrgenommen, noch verstanden werden
- und versuchen, uns über Körperkontakt mitzuteilen, dass sie zum Beispiel gestreichelt oder auch in Ruhe gelassen werden möchten.

Ein verantwortungsvoller Hundehalter wird immer bemüht sein, so viel wie möglich über das Ausdrucksverhalten und Verhaltensrepertoire seines Hundes zu erfahren, denn nur so kann er ihn verstehen, was wiederum die unbedingte Voraussetzung für adäquates und faires Handeln ist. Es versteht sich von selbst, dass es nicht im Sinne eines echten Dialogs sein kann, wenn sich die Kommunikation darauf beschränkt, dass der Mensch etwas von sich gibt, was der Hund gefälligst verstehen und sich danach richten soll. Und auch wenn der Mensch in der Regel der Bestimmende ist, ist der Hund weit davon entfernt, ein willenloser Befehlsempfänger zu sein. Er hat eigene Gefühle, Bedürfnisse und Gedanken. Jedes Kommando, jede Anweisung oder Bitte, die an ihn gerichtet wird, wird von ihm auf die eine oder andere Art und Weise kommentiert, sei es durch Ignorieren, Befolgen oder die Überlegung, ob die Ausführung des Kommandos in seinen Augen Sinn macht. Wirklich auf den Punkt gebracht müsste man sogar zugeben, dass es gut ist, wenn so mancher Hund dem verlangten Unsinn seines Herrchens oder Frauchens nicht entspricht. Warum zum Beispiel sollte sich ein Hund bei strömendem Regen oder bei nass-kaltem Schneematsch in ein „Platz"-Kommando ablegen? Die Konsequenz könnte eine Blasenentzündung sein. Warum sollte er auf direktem Weg zu seinem rufenden Halter kommen, wenn sich auf der Wiese, die er hierzu überqueren muss, gerade mehrere Hunde provokativ aufstellen, um ihn in die Mangel zu nehmen? Viel intelligenter ist es, dort zu bleiben, wo man ist, um einer solchen Provokation keinen Raum zu geben. Drängt der Mensch den Hund jedoch über ein strenges Rufen, jetzt doch endlich zu kommen, beeinflusst er dessen Verhalten nachhaltig, zum Beispiel dahingehend, dass der Hund sich wehren muss, wenn er von der lauernden Meute angegriffen wird.

Diese Beispiele ließen sich – leider – beliebig fortsetzen. Oftmals sind die Hunde wirklich vorausschauender als ihre Halter, weshalb es sich immer lohnt, im Zweifelsfall erst einmal genau zu analysieren, warum ein Hund welche Handlungen verweigert bzw. zeigt. ☺

Kommunikation über Blickkontakt

Hunde setzen häufig den Blickkontakt ein, um miteinander – oder auch mit uns Menschen – zu kommunizieren. Sind zum Beispiel zwei Hunde miteinander unterwegs und entdecken auf der Wiese etwas Beuteähnliches, wird man beobachten können, wie sich die beiden blitzschnell über den Blickkontakt darüber verständigen, dass da drüben etwas ist, das sich lohnt, genauer unter die Lupe genommen zu werden, und ebenso schnell haben sie sich über einen entsprechenden Blick darüber geeinigt, wer von beiden welche Flanke nimmt. Für uns Menschen

ist es faszinierend zu beobachten, mit welcher Präzision und Geschwindigkeit diese Verständigung abläuft.

Grundsätzlich kann ein Blick sehr unterschiedliche Informationen übermitteln, nicht umsonst gibt es das Sprichwort „Ein Blick sagt mehr als tausend Worte." Je nach Augenausdruck, restlicher Körpersprache und Intensität des Blickes kann Zärtlichkeit, Fürsorge, Zufriedenheit, Freundschaft, Spiellaune oder auch Drohverhalten bis hin zur stark aggressiv gestimmten Warnung ausgedrückt werden.

Unsinnig ist übrigens der Hinweis, man dürfe einem Hund niemals in die Augen schauen, weil er das immer als Provokation auffassen würde, denn gerade weil der Blick allein niemals isoliert als Kommunikationssignal aufgenommen wird, weiß ein Hund sehr wohl zwi-

Der Rüde Ruben beim Anblick einer Hündin (oben) und eines unkastrierten Rüden (unten).

schen einem freundlichen Anschauen und einem drohenden Fixieren zu unterscheiden, sowohl beim Artgenossen als auch beim Menschen.

Wir können unserem Hund über den Blickkontakt ziemlich genau unsere Stimmung mitteilen, schon allein deshalb, weil Hunde unglaublich gute Beobachter sind und anhand unseres Gesichts- und Augenausdrucks sekundenschnell erfassen, wie wir „drauf sind". Zusätzlich ist der Blickkontakt ein sehr wertvolles Kommunikationselement während des Spaziergangs oder Trainings, zum Beispiel

wenn es darum geht, eine gute Bindung aufzubauen. Achten Sie einmal darauf, wie häufig sich Ihr Hund während eines Spaziergangs zu Ihnen umschaut, um den Kontakt zu halten. Erwidern Sie diesen Blick, signalisieren Sie ihm dadurch, dass Sie ebenso auf ihn achten, wie er auf sie, denn dies hilft enorm, eine gute Bindung aufzubauen und dem Hund das Gefühl zu geben, dass man wirklich *gemeinsam* unterwegs ist.

Frustrierend ist es hingegen für jeden Hund, wenn seine Kommunikationsversuche immer wieder im Nichts enden, weil sein Mensch vor lauter Geplauder mit seinem Nachbarn oder am Handy gar nicht registriert, dass er versucht, Kontakt mit ihm aufzunehmen. Irgendwann wird der Hund dann beschließen, sein eigenes Ding zu machen, weil Herrchen/ Frauchen ja eh immer mit etwas anderem beschäftigt ist. Wird dann eine Hundeschule besucht, weil der geliebte Vierbeiner ständig im Wald umherstreift und macht, was er will, kommentiert der Trainer das Verhalten des Hundes oftmals als stur und desinteressiert an seinen Leuten. Das ist falsch und ungerecht! Könnte der Hund seine Version der erlebten Spaziergänge erzählen, würde sich ein ganz anderes Bild darstellen.

Kommunikation über die Lautgebung

Obgleich Hunde die Lautgebung wesentlich sparsamer einsetzen als der Mensch, dessen Kommunikationsschwerpunkt eindeutig auf der Sprache liegt, verfügen sie doch über erstaunlich viele unterschiedliche Laute, die sie situationsbezogen einsetzen. Zu ihnen gehören das Bellen, Jaulen, Heulen, Winseln, Fiepen, Aufschreien, Kreischen, Knurren, Grollen, Wuffen und Schnaufen.

Kaum eine andere Kommunikationsform wirft so viele Konflikte zwischen Mensch und Hund auf, denn in Zeiten von Hundehass, Leinenzwang und Maulkorbpflicht, in Zeiten, in denen nur ein „ruhiger" Hund ein braver Hund ist, reicht schon ein freudiges Bellen, um den entrüsteten Nachbarn auf den Plan zu rufen. Setzt ein Hund schließlich ein Knurren ein, um jemanden auf Distanz zu halten, gilt er als aggressiv, was fachlich definitiv falsch ist! Kurzum: Menschen kennen sich mit den unterschiedlichen Lautäußerungen von Hunden viel zu wenig aus und sind – vielleicht auch deshalb? – viel zu schnell genervt und gebieten ihrem Hund still zu sein. Mit welchem Recht eigentlich? Es birgt schon eine gewisse Tragik und Komik in sich, dass ausgerechnet der Mensch, der so viel redet und so viel Lärm verursacht wie sonst kein anderes Lebewesen auf diesem Planeten, anderen das „gesprochene" (oder besser: gebellte) Wort verbieten will. Darüber nachzudenken lohnt in jedem Fall...

Wie können wir nun also unsere Lautgebung einsetzen, um die Kommunikation mit unserem Hund zu verbessern?

Hier einige Vorschläge:

- Wir sollten uns bemühen, grundsätzlich leise, freundlich und klar strukturiert mit unserem Hund zu sprechen. Der noch immer auf vielen Hundeplätzen zu vernehmende Kasernenton schüchtert den Hund nur unnötig ein – und nervt!

- Wir können darauf achten, unseren Hund nicht sinnlos „zuzutexten". Wenn jemand permanent in einer Fremdsprache auf uns einreden würde, würde uns das irgendwann auch gehörig „auf den Keks" gehen.

- Wenn wir den Hund laut rufen müssen, weil er sich in einiger Entfernung befindet, sollten wir daran denken, mit zunehmend geringerer Distanz beim Herankommen allmählich leiser zu werden. Dann wird der Hund umso lieber kommen.

Zusätzlich können wir uns bemühen, den Lautäußerungen unseres Hundes mehr Toleranz entgegenzubringen und besser zu verstehen, was er uns mitteilen will.

Geruchliche (olfaktorische) Kommunikation

Jeder Hundehalter kennt das: Bei der Begegnung zweier einander fremd der Hunde wird am jeweiligen Gegenüber mehr oder minder ausgiebig geschnüffelt. Zunächst ist meist der Schnauzenbereich von Interesse, schnell wenden sich die Hunde jedoch dem Genital- und Analbereich des anderen zu. Über Duftstoffe, die unter anderem von den Analdrüsen abgesondert werden, erhalten die Hunde Auskunft über das Geschlecht sowie den Gesundheits- und Ernährungszustand ihres Gegenübers. Dementsprechend ist es nur natürlich, dass Hunde versuchen, auch Menschen im Genitalbereich zu beschnuppern, was bei diesen aber keine Begeisterung auslöst, sondern allenfalls für rote Köpfe sorgt.

Der Bereich der olfaktorischen Kommunikation ist bisher wenig erforscht. Neben der Riechschleimhaut besitzen die meisten Wirbeltiere zusätzlich das so genannte Vomeronasalorgan (oder auch Jacobsonsches-Organ), dessen Wahrnehmung eine Mischung aus Riechen und Schmecken zu sein scheint. Unter anderem werden über dieses Organ auch Pheromone erkannt, bei denen es sich um Sexuallockstoffe, Abwehr- und Alarmsubstanzen sowie Markierungsstoffe handelt. Hiervon werden bereits minimalste Spuren wahrgenommen, nämlich wenige Femtogramm (ein Milliardstel von einem Millionstel Gramm!). Durch eine Reizleitung ist das Vomeronasalorgan mit dem Hypothalamus verbunden, dem Steuerzentrum des vegetativen Nervensystems.

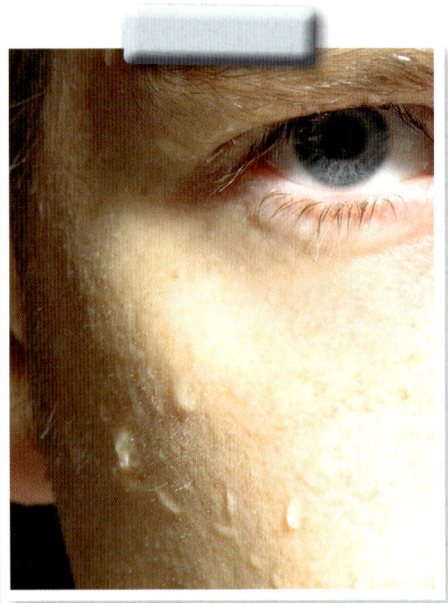

Beim Menschen werden die Pheromone hauptsächlich über den Schweiß ausgeschieden. Beim Hund sind es vor allem verschiedene Drüsen, darunter Anal- und Milchdrüsen, deren Sekrete Pheromone enthalten.

Obwohl mit einem deutlich schwächeren Geruchssinn ausgestattet als Hunde, erkennen auch wir Menschen den Unterschied zwischen „Angstschweiß" und „Sportlerschweiß". Eine andere Zusammensetzung der ausgeschütteten Hormone im Körper sorgt für den entsprechenden Pheromoncocktail, der im Schweiß enthalten ist. Wenn wir uns vergegenwärtigen, dass Pheromone unser Verhalten in einigen Bereichen bestimmen, ohne dass uns das bewusst ist, wird die Bedeutung, die der olfaktorischen Kommunikation sowohl innerartlich als auch zwischenartlich zukommt, offensichtlich.

Beeinflusst werden folgende Verhaltensbereiche:
- das Alarmreaktionsvermögen und Stressverhalten
- das Markierungsverhalten
- die Individualerkennung
- die Erkennung verwandtschaftlicher Grade, insbesondere der Mutter-Kind-Erkennung
- das Sexualverhalten
- das emotionale Empfinden

Es ist zu vermuten, dass Pheromone noch weitaus mehr Informationen übermitteln. Studien belegen, dass die (unbewusste) Wahrnehmung von Pheromonen auch art-übergreifend stattfindet und entsprechendes Verhalten auslöst (Ariane Baumann, Marco Caversaccio, 2008).

Der Satz „Hunde riechen es, wenn jemand Angst hat" weist bereits auf den Einfluss hin, den unsere Körperduftstoffe auf Hunde haben, und ich bin überzeugt davon, dass Hunde es auch riechen, wenn wir uns krankheitsbedingt nicht gut fühlen. In den letzten Jahren wurden eindrückliche Beispiele hierfür publiziert, unter anderem wird von Hunden berichtet, die darauf trainiert werden, Krebszellen am Patienten zu erschnüffeln und anzuzeigen und zwar lange bevor diese in der medizinischen Diagnostik erkannt werden können. Was heutzutage wie eine Sensation anmutet, war schon bei den alten Ägyptern bekannt, die Hunde in der Diagnostik der unterschiedlichsten Erkrankungen einsetzten.

Interessant zu beobachten ist, wie fürsorglich Hunde auf uns achten, wenn es uns nicht gut geht, ganz gleich, ob sie das über unseren veränderten Geruch, die Beobachtung unserer Körperspannung oder anhand anderer Merkmale wahrnehmen. Ein für mich eindrückliches Beispiel erlebte ich mit meinem Hund Pablo im Urlaub: Wir gingen abends noch eine kleine Runde und kamen dabei an einem Grundstück vorbei, hinter dessen Zaun ein Berner Sennenhund bellte. Ich sagte Pablo, dass er ruhig vorbei gehen solle, was er auch tat. So ging das einige Abende, bis ich mir den Magen verdorben hatte und „nicht gut drauf" war. An diesem Abend konnte ich sagen, was ich wollte – Pablo kläffte den Berner Sennenhund über die ganze Länge des Zauns hinweg an. Der Blick, mit dem er meine Reglementierungsversuche kommentierte, schien sagen zu wollen: „Was willst Du? Das muss ich ja wohl machen, Du bist doch nicht fit". Am nächsten Abend ging es mir wieder deutlich besser und mein Dicker lief so ruhig wie zuvor am Zaun vorbei.

Was in uns vor sich geht, drückt sich also unter anderem dadurch aus, welche geruchlichen Botenstoffe wir aussenden. Diese Duftstoffe werden von Hunden wahrgenommen und liefern ihnen wertvolle Informationen über unseren Zustand. Ob auf diese Wahrnehmung eine Reaktion des Hundes erfolgt, ist von der Situation, der individuellen Reizschwelle und der Art des Reizes abhängig. In jedem Fall stellt diese Wahrnehmungsfähigkeit aber einen elementaren Bestandteil der Kommunikation dar.

Zusätzlich werden Informationen über das Beriechen von Kot und Urin gesammelt. Das Setzen dieser Markierungen ist ein wichtiges Ausdruckselement unserer Hunde – wie komisch muss es ihnen da anmuten, wenn wir ihr mit Bedacht gesetztes Häufchen mit einer Tüte einsammeln und dann lange mit uns herumtragen, bis wir es schließlich in einem Eimer entsorgen, der geradezu bestialisch nach den Kotmarkierungen dutzender anderer Hunde riecht?! Es wäre wirklich interessant zu erfahren, was Hunde darüber denken; vielleicht ist es aber auch besser, dass wir das wohl niemals erfahren werden…

Kommen wir nun zu der Frage, wie wir das Verhalten unseres Hundes beeinflussen, denn schließlich ist die gegenseitige Beeinflussung von Mensch und Hund ja das zentrale Thema dieses Buches. Die Antwort ist ganz einfach: Wenn Sie sich vor Augen halten, wie unvorstellbar fein die Nase unserer Hunde ausgeprägt ist, wie hoch sensibel ihre Riechrezeptoren alles wahrnehmen, was um sie herum an Duftstoffen unterwegs ist, dann verbieten sich folgende Dinge wie von selbst, weil sie für den Hund einfach unzumutbar sind:

- Rauchen in geschlossenen Räumen, in denen Hunde anwesend sind, insbesondere im Auto! Schon für uns Menschen ist das unangenehm bis unerträglich, wie soll es da erst einem Hund ergehen?!

- Eine Zigarette in der Hand halten, während der Hund freundlich begrüßt werden soll – meist ernten wir hierfür auch gleich ein Niesen des Hundes, das vom Einlegen des „Rückwärtsgangs" begleitet wird...

- Starkes Parfümieren, sei es von sich selbst oder den Räumlichkeiten, zum Beispiel über Duftbäumchen oder so genannte Raumdeodorants, die schon für unsere Nasen oft unerträglich penetrant riechen.

- Der Einsatz von D.A.P.® Produkten, denen der Hund nicht ausweichen kann. Hierzu sei erklärt: Vor einigen Jahren ist es gelungen, Pheromone, die die Mutterhündin produziert, während sie Welpen hat, synthetisch nachzubilden. Diese Pheromone wirken *bei manchen (aber nicht allen!)* Hunden beruhigend, weshalb sie gern im Verhaltenstraining von zum Beispiel nervösen oder ängstlichen Hunden eingesetzt werden und dort auch gute Dienste tun. In der

Regel wird hierzu ein Stecker verwendet, der diese Botenstoffe im Raum verteilt. In letzter Zeit finden sich allerdings vermehrt auch Körpersprays (für Hunde!) und Halsbänder, die mit Pheromonen angereichert sind, und der Hersteller empfiehlt, den Hund diese tragen zu lassen. Das Problem ist nun, dass D.A.P.® nicht bei allen Hunden Wohlbehagen und Ruhe auslöst! Manche Hunde möchten dem Duft ausweichen, was sie aber nicht können, wenn er ihnen über Spray und/ oder Halsband am Körper klebt.

Der „Supergau" passierte neulich einer Kollegin von mir. Sie trainierte mit einer Hündin, die in einer Auffangstation im Süden als „Prügelbock" der gesamten Gruppe gedient hatte. Sie wurde von mehr als 20 Hunden attackiert, immer wieder, über Monate, bis sie schließlich von deutschen Tierschützern gerettet wurde. Sie hatte unzählige Bissverletzungen am ganzen Körper, die in einer mehrstündigen Operation revidiert und genäht werden mussten, die Heilung der Wunden dauerte Wochen. Kein Wunder also, dass diese Hündin große Angst vor jeglichen anderen Hunden hatte. Im Training war sie nun so weit gekommen, dass sie mit zwei ausgesuchten, sehr ruhigen Hunden spazieren gehen konnte, zu denen sie Vertrauen gefasst hatte. Beim vierten Treffen zum gemeinsamen Spaziergang reagierte der sonst so besonnene und rücksichtvolle Rüde jedoch mit erregter Annäherung, Aufreitversuchen, ständigem Beriechen und versuchtem Belecken des Genitalbereiches, was die Hündin völlig aus der Fassung brachte. Die mitgebrachte Hündin hingegen brummte die zu trainierende an und sträubte das Fell. Meine Kollegin konnte sich das Verhalten der beiden Hunde nicht erklären, bis sie ein D.A.P.® Halsband an der Hündin entdeckte, das den Haltern am Tag zuvor von ihrem Tierarzt verkauft worden war. Auf Nachfrage bestätigten die Halter, dass auch der Nachbarhund seit gestern winselnd und sehr aufgeregt am Zaun stand, wenn ihre Hündin draußen war.

Obgleich dieser Tierarzt es sicher gut gemeint hatte, hatte er einfach nicht darüber nachgedacht, welche Auswirkungen das Tragen dieser Botenstoffe nach sich ziehen könnte. Wir alle sollten mehr darüber nachdenken.

Schließlich sollte uns noch bewusst sein, dass ein Hund eine Landschaft, die darin enthaltenen Individuen und Pflanzen, ja sogar das Wasser und die Steine, nicht nur mit dem Gesichts- und Gehörsinn wahrnimmt, sondern auch mit dem Geruchssinn. Mit anderen Worten: Wenn unser Hund sich gespannt aufrichtet und die Landschaft nach Beutetieren absucht, dann macht es wenig Sinn, wenn wir ihm sagen, „dass da nichts sei", denn selbst wenn *wir* nichts sehen oder hören, haben wir keine Ahnung, was der Hund über seine Nase wahrnimmt.

Hunde können eine Landschaft viel intensiver wahrnehmen als wir Menschen.

Auch der Einsatz von Nahrungsergänzungsmitteln oder Medikamenten (Psychopharmaka), die das Verhalten beeinflussen, muss genau durchdacht werden. Durch den Einsatz wird nicht nur das problematische Verhalten verändert, sondern das ganze Wesen des Hundes, inklusive dessen Stoffwechsel, und somit kann sich auch die olfaktorische Kommunikation mit Artgenossen und Menschen verändern. Grundsätzlich sollte bei der Therapie von Hunden mit Verhaltensauffälligkeiten noch viel mehr darüber nachgedacht werden, welche Reize beim Hund welches Verhalten auslösen. Das Wahrnehmen bestimmter Gerüche kann zum Beispiel Angst oder auch Aggression auslösen, weil es an frühere Erlebnisse/ Situationen erinnert. Mirjam Cordt beschreibt zum Beispiel in ihrem Buch „Hundereich" einen Hund, der beim Geruch von Rapsfeldern regelrecht psychisch zusammenbrach.

Taktile Kommunikation

Die taktile Kommunikation zählt neben der olfaktorischen zu den ältesten Kommunikationsformen. Sie wird von Hunden häufig eingesetzt, nicht nur untereinander, sondern auch gegenüber artfremden Individuen wie dem Menschen oder einem anderen befreundeten Tier wie zum Beispiel einer Katze. Leider findet aber auch sie viel zu wenig Beachtung in der Beziehung zwischen Mensch und Hund.

Betrachten wir aber zunächst genauer, wie Hunde untereinander Berührungen einsetzen. Hier muss zwischen Distanz vergrößernden Berührungen wie dem Schubsen, Abschnappen, Rempeln usw. und den Distanz verringernden Berührungen wie der gegenseitigen Fell- und Körperpflege, dem Kontaktliegen und verschiedenen Spielaufforderungen wie zum Beispiel dem Pföteln unterschieden werden. Wie der Name schon sagt, ist das Ziel der einen Berührungsform die soziale Annäherung und das Schaffen von Nähe, während das Ziel der anderen das Schaffen von Abgrenzung und Einhaltung von Distanz ist. Wichtig ist, sich darüber im Klaren zu sein, dass jede Form von Körperkontakt eine direkte Wirkung auf den Empfänger hat – und oft auch auf den Sender.

Von praktisch allen Tieren, inklusive dem Säugetier Mensch, ist bekannt, wie unglaublich wichtig ein vertrauensvoller Körperkontakt ist – und zwar in allen Altersstufen. Gehen wir zur Verdeutlichung ein paar Beispiele durch:

- Die gegenseitige Fell- und Körperpflege dient nicht nur der Hygiene, sondern stärkt auch die soziale Bindung, entschärft Konflikte und beugt so Aggressionen vor.

- Neugeborene erfahren durch den Körperkontakt zur Mutter und deren Pflege Geborgenheit. Menschen- wie Tierkinder, denen dieser Kontakt fehlte, sind später häufig unsicherer und ängstlicher als solche, die diesen positiven Körperkontakt erleben durften.

- Die Sexualität ist Haut-Haut-Kommunikation in reinster Form und dient bei weitem nicht nur der Vermehrung der Art und Weitergabe der eigenen Erbinformation. Unzählige Studien haben bewiesen, dass eine positiv erlebte Sexualität das Selbstbewusstsein und auch Zufriedenheit und Ausgeglichenheit fördert.

- Massagen dienen nicht nur der physischen Gesundheit, sondern lösen, wenn sie richtig durchgeführt werden, auch ein Gefühl der psychischen Entspannung und des Wohlgefühls aus.

- Bei Streitigkeiten kann es dazu kommen, dass geboxt, geschlagen oder gerungen wird und auch der übermäßig feste Händedruck ist eine Form von dominantem Körperkontakt.

Nun gilt es zu bedenken, dass ein wesentlicher Unterschied zwischen Mensch und Hund besteht, der viel mit der taktilen Kommunikation zu tun hat und zu allerlei Missverständnissen zwischen Mensch und Hund führen kann: Der Mensch will alles anfassen, will es – im wahrsten Sinne des Wortes – be*greifen*. Bei Hunden ist dies nicht so, dennoch müssen sie damit klar kommen, dass wir unsere „Greifarme" nach ihnen ausstrecken (was sie erschrecken kann), sie liebevoll knuddeln und dabei im Arm halten (was sie als bedrohlich empfinden können) und ständig an ihnen herumfingern, um ihnen unsere Zuneigung zu zeigen (was sie als lästig empfinden können).

Zusätzlich wird von Hunden ohne viel darüber nachzudenken erwartet, dass sie sich jederzeit von jedermann anfassen lassen – was nicht ihrem normalen Sozialverhalten entspricht – unserem im Übrigen auch nicht, oder möchten Sie sich von irgendeinem daherkommenden Menschen umarmen und bekuscheln lassen, während der verzückt ausruft, wie „süüüüß und niedlich" sie doch aussehen?! Sicher nicht... Wir sollten unserem Hund also durchaus die Freiheit gewähren, solchen Streichelattacken auszuweichen, bzw. bei besonders aufdringlichen Kandidaten durch ein Knurren Grenzen zu setzen. Noch besser wäre es natürlich, wir schützen unseren Hund aktiv vor allzu viel plumper Vertraulichkeit, indem wir Fremde bitten, ihn nicht anzufassen, es sei denn, er gibt zu verstehen, dass er dies wünscht.

Ein weiterer interessanter Punkt ist die Kontaktaufnahme über die taktile Kommunikation. Wie oft erleben wir, dass unser Hund uns freundschaftlich anstupst, sich mitfühlend an uns kuschelt, wenn es uns nicht gut geht oder zum Spiel auffordernd die Pfote auf unseren Körper klatscht. Schöne und wohltuende Gesten, die wir ebenso einsetzen können – was viele von uns ja auch tun. Hat der Hund zum Beispiel Angst vor Gewitter, hilft es ihm ungemein, wenn man sich auf den Boden oder das Sofa setzt und ihm anbietet, sich anzukuscheln. Strahlt man dabei Ruhe und Gelassenheit aus, beruhigt man ihn über den Körperkontakt. Es gibt unzählige solcher Beispiele; es liegt an uns, Hunde zu beobachten und aus ihrem Verhalten zu lernen, welche Form des Kontakts welche Reaktionen nach sich zieht.

Die Haut ist das größte Organ und schützt nicht nur vor Umweltreizen. Sie verfügt über eine Vielzahl von unterschiedlichen Rezeptoren, die auf Berührung, Druck und Erschütterung reagieren. Außerdem verfügt sie über Zellen, die Temperaturen unter oder über der eigenen Körpertemperatur wahrnehmen und diese Erkenntnisse an das Gehirn weiterleiten. Sanfte, wohltuende Berührungen durch Streicheln oder Massieren lassen Blutdruck und Herzfrequenz sinken und sorgen so für physische und psychische Entspannung. In einer Studie mit Patienten auf einer Intensivstation wurde dieser Effekt über eine sanfte Rückenmassage erreicht (Dorothea Strecke, 1991).

Das Gleiche gilt für unsere Hunde. Von Natur aus Rudeltiere, leben sie heute oft in Solitärhaltung beim Menschen. Sucht ein Hund nun beispielsweise abends, wenn alles zur Ruhe gekommen ist, den Körperkontakt zu seinem Menschen, wird er unter Umständen weggeschickt, da leider auch heute noch vielfach die Ansicht vertreten wird, der Kontakt hätte immer vom Menschen auszugehen, andernfalls ließe sich dieser nämlich vom Hund manipulieren – was übrigens blanker Unsinn ist. Hunde, diese hoch sozialen Tiere, suchen die Nähe ihrer Menschen und es wäre schade, diese vertrauensvolle Kontaktaufnahme immer nur in Frustration durch Nicht-Beantwortung enden zu lassen. Ruhiges Streicheln (neudeutsch „Grooming"), das Ausstreichen des Körpers, leichte Massagen oder – besonders für nervöse oder ängstliche Hunde geeignet – Tellington Touch oder Bones wirken entspannend und beruhigend. Wichtig ist dabei, den Hund nicht „zu seinem Glück" zu zwingen. Möchte er nicht mehr berührt werden und zieht er sich zurück, sollte man das akzeptieren.

Die gemeinsam verbrachte Zeit der Körpertherapie kann man auch zum Ritual der Gemeinsamkeit erheben, denn da sich die Entspannung in der Regel bei beiden einstellt, profitieren auch beide davon, sowohl im gemeinsamen, als auch im individuellen Erleben. Zusätzlich wird der Körper des Hundes bewusster wahrgenommen, wenn man ihn massiert, denn es ist ein ganz anderer gedanklicher Focus gelegt als beim beiläufigen Streicheln und Tätscheln. Hierzu schreibt Susanne Siebertz:

Massage aus Sicht der Hundephysiotherapie

Die Massage ist in der Hundephysiotherapie eine sehr wichtige Therapieform. Durch die manuelle Einwirkung kommt es je nach Ausführung zur Entspannung oder Anregung der behandelten Muskulatur. Massage wird vor allem zur Schmerzlinderung eingesetzt, aber auch die Eigen- und Fremdwahrnehmung wird durch sie verbessert. Zum Beispiel bei Gliedmaßen, die nach einer Operation vom betroffenen Hund nicht mehr vollwertig eingesetzt werden.

Die Massage ist eine Therapieform, die nach Anleitung gut vom Besitzer selber durchgeführt werden kann. Wir weisen daraufhin, dass bei der Durchführung eine ruhige Atmosphäre von Vorteil ist. Durch die Konzentration auf den Hund können Reaktionen wahrgenommen werden, die auf Schmerzen hinweisen und neben dem physischen Nutzen wissen wir heute um den „seelischen" Wohlfühleffekt. Die Hunde genießen die ungeteilte Aufmerksamkeit ihres Halters, auch wenn es manchmal ein bisschen dauert, bis sich das Tier daran gewöhnt hat, dass Frauchen oder Herrchen mit auf dem Boden sitzt und nicht spielt oder rauft.

Das eigenständig vom Hund durchgeführte Belecken oder Beknabbern einer Gliedmaße ist sicherlich ein Versuch des Hundes, Schmerzen oder sonstige Missempfindungen zu überlagern. Die dadurch erzielte Mehrdurchblutung der „behandelten" Stelle ist möglicherweise im Sinne einer Massage zu interpretieren. Allerdings neigen manche Hunde dazu, sich dabei zu verletzen, so dass dieses Verhalten eher unterbunden und die Ursache dafür festgestellt werden sollte.

Susanne Siebertz
Gangwerk - Praxis für Hundephysiotherapie

Ehrliche Kommunikation

Die zwischenmenschliche Kommunikation im nonverbalen Bereich findet, ähnlich wie beim Hund, über die Körpersprache und Mimik statt. Der Bereich der nonverbalen Kommunikation ist äußerst spannend, da er nur sehr begrenzt bewusst kontrollierbar ist. Somit ist das, was der Körper ausdrückt, in der Regel ehrlich.

Versuchen Sie zum Beispiel einmal jemanden, der Ihnen sehr sympathisch ist und mit dem Sie durchweg positive Gefühle verbinden, wütend anzubrüllen. Derjenige wird sehr irritiert sein und Sie überhaupt nicht verstehen – und mit ziemlicher Sicherheit werden Sie Ihre abweisende Haltung sehr schnell aufgeben und lachen müssen, weil sie für Sie kaum durchzuhalten ist. Eine solche Form der Verstellung funktioniert nämlich nur sehr bedingt. Es steckt viel Arbeit und Anstrengung dahinter, eine Rolle zu spielen, die dem tatsächlichen eigenen Empfinden nicht entspricht. Das kann Ihnen jeder gute Schauspieler bestätigen. Lesen Sie, was die Moderatorin Andrea Ballschuh dazu schreibt:

Mein Golden Retriever Bruno und ich waren über neun Jahre ein unglaublich enges Team, bevor ich ihn leider wegen eines Nierentumors einschläfern lassen musste. Er fehlt mir so sehr, ich denke viel an ihn und ab und zu besucht er mich im Traum. Und selbst im Traum kommunizieren wir so, wie wir es oft getan haben. Ohne Worte. Bruno hat schon immer sehr stark auf meine Körpersprache und Handzeichen reagiert.

Es war zum Beispiel so, dass er mich „trösten kam", also anhänglicher war als sonst, wenn ich traurig war. Meine Sprache hatte dann einen anderen Ton, meine Körperhaltung war eine andere. Ich hatte nie Probleme oder Ärger mit Bruno und ich glaube, das hing damit zusammen, dass ich sehr entspannt war und das auch auf ihn übertragen habe (vielleicht ja auch umgekehrt?). Bruno hat instinktiv

die richtigen Hunde zum Spielen ausgesucht und ist den unangenehmen Vierbeinern einfach aus dem Weg gegangen. So wie ich den meist dazugehörigen unangenehmen Besitzern auch aus dem Weg ging und nicht mal Blickkontakt mit ihnen suchte. Ich konnte Bruno jederzeit aus einer Situation abpfeifen, ich musste nie viele Worte verlieren. Ich habe mich damals selbst darüber gewundert, so einen „Wunderhund" zu haben. Heute glaube ich, wir haben uns einfach gesucht und gefunden. Es lag nicht an meiner tollen Erziehung, sondern Bruno und ich waren einfach füreinander geschaffen. Er hat mich verstanden und ich ihn. Ich musste ihn nur anschauen und sah sofort, wie es ihm ging. Und umgekehrt schien es genauso zu sein. Bei Bruno war ich echt, pur. Ihm konnte ich nie etwas vormachen. Menschen lassen sich so leicht täuschen. Hunde nicht.

Ich habe das gemerkt, wenn ich als Schauspielerin gearbeitet habe, was einige Male vorkam. Wenn ich noch in der Rolle steckte, noch nicht ganz wieder die „echte" Andrea war, dann war Bruno irgendwie anders. Dann hörte er auch nicht sofort, dann ließ er sich sozusagen bitten. Das zu erkennen, war unglaublich spannend. Ein Hund kann uns so wunderbar erden, wir können so viel über uns selbst lernen mit einem Hund an unserer Seite. Das finde ich unglaublich faszinierend.

Andrea Ballschuh, Moderatorin

Das Spielen einer Rolle über einen längeren Zeitraum setzt übrigens viele Stresshormone im Körper frei und wird im Zusammenleben mit einem so sensitiven Wesen wie dem Hund sowieso nicht funktionieren. Deshalb ist es auch völlig unsinnig, wenn man versucht, seinem vierbeinigen Freund etwas vorzumachen. Ist man zum Beispiel wütend auf den Hund und versucht, dies hinter einer gespielten Freundlichkeit zu verbergen, um ihn zum Herankommen zu bewegen, wird dies in den seltensten Fällen funktionieren. Der Hund spürt genau, dass er keine „echten" Informationen erhält, und weiß deshalb nicht recht, wie er sich unserer Meinung nach verhalten soll. Nach kurzem Nachdenken wird er also das Verhalten zeigen, das ihm am sinnvollsten erscheint.

Spiegelneuronales Verhalten & „Fast Mapping"

Haushunde haben ihr Verhalten im Laufe der Domestikation an den Sozialpartner Mensch angepasst. Das betrifft nicht nur die Verhaltensweisen, die durch den Menschen züchterisch hervorgehoben und verstärkt wurden, sondern auch solche, die der Hund aus sich heraus entwickelt hat. Hunde kopieren zum Beispiel das menschliche Lächeln, verfügen also durchaus über die Fähigkeit zur Nachahmung im richtigen Kontextbezug und sind dazu in der Lage, menschliche Worte sowohl für Gegenstände, als auch für Handlungen oder sogar komplexe Handlungsketten in Verbindung zu bringen. Dieses so genannte „fast mapping" (Kaminsky & Call, Fischer 2004) wird besonders deutlich am mehrfach im Fernsehen vorgestellten Border Collie Rico, der über ein Vokabularwissen von rund 200 Wörtern der menschlichen Sprache verfügt und diese Begriffe den richtigen Gegenständen zuordnen kann.

Darüber hinaus hat Prof. Adam Miklosi von der Universität Budapest in seinen Studien nachgewiesen, dass Hunde dazu in der Lage sind, Bewegungen des Menschen nachzuvollziehen, also kopierendes Verhalten zu zeigen. Miklosi gilt als einer der bedeutendsten Forscher zur Mensch-Hund-Beziehung. In seinem Forschungsprojekt „Do as I do!" (Mach`s mir nach!) zeigten Probanten nicht nur einfache, sondern sogar komplexe Handlungsvorgänge, die von den Hunden exakt nachgeahmt wurden. Er konnte auch nachweisen, dass Hunde in Lerntests besser abschneiden als Schimpansen und Gorillas.

Und wie schon erwähnt, erfassen Hunde darüber hinaus unsere Stimmung und reagieren mitfühlend, aufmunternd oder auch gefühlsmäßig angesteckt (spiegelneuronal). Sie sind also viel mehr als beliebig konditionierbare und manipulierbare Begleiter auf vier Pfoten und sie sind uns Menschen viel ähnlicher, als so manchen lieb ist, denn aus dieser Erkenntnis wächst eine immense Verantwortung, die wir für das physische und psychische Wohl unserer Tiere zu übernehmen haben.

Verantwortung

Hunde sind in hohem Maße von uns abhängig, weshalb wir eine große Verantwortung für ihr physisches und psychisches Wohlergehen tragen. Diese Verantwortung geht weit über die Frage der gesunden Ernährung, tiermedizinischen Versorgung und halbwegs artgemäßen Bewegung hinaus.

Jagen ist nicht erwünscht, deshalb müssen Hunde anders mental ausgelastet werden.

Ein Aspekt besteht zum Beispiel darin, unsere Hunde nicht nur körperlich, sondern auch mental auszulasten; denn viele Handlungen, die sie normalerweise stimulieren und fordern, verbieten wir ihnen, wie zum Beispiel das Jagd- oder auch Sexualverhalten. Das ist sicher – auch im Sinne des Tierschutzes – nötig, hat aber trotzdem zur Folge, dass wir anderweitig dafür sorgen müssen, unsere Hunde nicht in einer Art von „erlerntem Kaspar-Hauser-Syndrom" verblöden zu lassen. Denn jeden Tag immer nur die gleiche Strecke spazieren zu gehen, bis unser Hund schließlich jedem Grashalm persönlich „Guten Morgen!" sagen könnte, kann nicht die Erfüllung eines zufriedenstellenden Hundelebens sein. In den letzten

Jahren wurden sehr viele Beschäftigungsmöglichkeiten für Hunde entwickelt, einige davon sind wirklich großartig konzipiert und bieten neben Spaß und Spannung auch die Möglichkeit, durch gemeinsames Erleben die Bindung zu festigen. Andere hingegen sind eher sehr zweifelhaft und scheinen wenig geeignet, diese Ziele zu erreichen, denn wie so oft ist der Mensch bei der Konzeption einiger Hundesportarten und Denkspiele weit über das Ziel hinaus geschossen, so dass der Hund eher gestresst, körperlich überlastet und manchmal sogar ausgebeutet wird; insbesondere, wenn es Pokale und Preisgelder für Herrchen oder Frauchen zu gewinnen gilt.

Ein weiterer Aspekt unserer Verantwortung liegt darin, unseren Hund vor Gefahren zu schützen, insbesondere wenn es um solche geht, die er aus seiner natürlichen Wahrnehmung der Umwelt nicht abschätzen kann; und von diesen lauern viele: Der Straßenverkehr, die hektische Betriebsamkeit in einer Fußgängerzone oder in einem Hotel oder auch der im Gebüsch lauernde Jäger, der geradezu darauf wartet, unseren Hund beim unerlaubten Jagen zu ertappen. Nur ein verantwortungsvolles Führen des Hundes kann ihn in diesen Situationen schützen, was aber bedeutet, ihn in ziemlich vielen Lebensbereichen zu reglementieren.

Im Ortsbereich ist es wichtig, den Hund sicher zu führen.

Deshalb ist es umso wichtiger, ihm anderweitig Freiräume für eigenständiges Denken und Handeln zu schaffen. Wenn Sie nun kurz überlegen, ob und warum das wirklich wichtig ist, fragen Sie sich doch einfach selbst, wie es Ihnen ergehen würde, wenn Sie immer nur bevormundet und fremdbestimmt würden und nie die Möglichkeit hätten, einfach mal selbst zu entscheiden, was Sie tun oder lassen wollen. Ich glaube, bei nur kurzem Nachdenken beantwortet sich die Frage dann von selbst... Lassen Sie mich ein paar Beispiele dafür geben, bei welcher Gelegenheit wir unserem Hund diese Freiräume ermöglichen können:

- Wir müssen unserem Hund die meisten Sequenzen eines erfüllten Jagdverhaltens verbieten, aber wir können ihm erlauben, einen mit Fleischstücken gefüllten Futterbeutel aus einem Sandkasten zu buddeln und die Beute als Belohnung zu erhalten.

- Wir können unserem Hund nicht erlauben, kreuz und quer durch den Ort zu laufen, denn die Gefahr eines Verkehrsunfalls wäre viel zu hoch. Aber wir können auch ihn mal beim gemeinsamen Spaziergang die Wege wählen lassen.

- Oftmals ist es uns nicht möglich, mehrere Hunde gleichzeitig zu halten, aber wir können dafür sorgen, dass unser Hund „feste Freundschaften" mit regelmäßigem Kontakt aufbauen kann.

Diese Liste ließe sich noch lange fortsetzen und ich bin sicher, dass Ihnen noch viele Beispiele dafür einfallen, was Sie Ihrem Hund alles erlauben können, wenn Sie erst einmal angefangen haben darüber nachzudenken.☺

Gute Freunde ☺

Der wahrscheinlich wichtigste Aspekt ist jedoch, Ihren Hund in seiner Persönlichkeit und seinen Bedürfnissen ernst zu nehmen und Zeit mit ihm zu verbringen. Nur so finden Sie zu einem echten Miteinander, das die Grundlage für gegenseitiges Vertrauen ist. Mit einem so gewachsenen Vertrauen können Sie Ihren Hund dann auch durch schwierige Situationen führen oder ihm zeigen, wie er sie selbst bewältigen kann.

Nehmen wir auch hierfür ein Beispiel:
Ein Tier schützt sich im Allgemeinen selbst vor körperlichen Schäden, indem es zum Beispiel Meideverhalten zeigt. Aber genau dieses Meideverhalten kann unser Hund oft nicht zeigen, weil er aufgrund einer kurz gehaltenen Leine einem Gegenüber nicht ausweichen kann oder ihn genau dieses Ausweichen in Gefahr bringt, zum Beispiel wenn er hierzu auf die Straße springt. Es liegt also an uns, dem Hund – je nach Situation – so viel Leinenlänge zu geben, dass er gut ausweichen kann, oder ihn zu sichern, wenn er auf die Straße ausweichen würde. Wir befinden uns

Eine friedliche Hundebegegnung an kurzer Leine will geübt sein.

also im Bereich der Gefahrenabwehr. Gleichzeitig müssen wir ihm aber die Gelegenheit geben, sich mit dem Reiz vertraut zu machen, damit er seine Angst vor ihm verliert und zukünftig gelassen mit ihm umgehen kann – und hierin steckt zugleich ein großes Potenzial in Bezug auf die Festigung der Bindung und des Vertrauens.

Ein Beispiel:
Sie gehen jeden Morgen die gleiche Runde, der Hund ist mit dem Weg vertraut. Eines Morgens zeigt Ihr Hund an einer Stelle ausgeprägtes Meideverhalten, indem er nach hinten zurückweicht, stehen bleibt, stocksteif wird, die Ohren anlegt und auf einen bestimmten Punkt starrt. Der Grund für seine Angst ist in diesem Fall vielleicht ein Fahrrad, das an einem Laternenpfahl angekettet ist und noch nie dort stand. Nehmen wir an, Sie haben es eilig und ziehen den Hund deshalb ungeduldig

weiter. Wenn die Laterne mit dem Fahrrad erst einmal hinter ihm liegt, wird er schließlich normal weiter laufen. Das hätte jedoch zur Folge, dass er bei der nächsten Begegnung mit dem fremden Ding erneut ins Meideverhalten fallen, also Angst haben würde.

Eine viel bessere Möglichkeit die Situation zu meistern und zusätzlich Fortschritte für die Zukunft zu erzielen, besteht darin, sich ein paar Minuten Zeit zu nehmen und dem Hund zu zeigen, dass das Fahrrad, das da so unvermittelt steht, keine Gefahr für ihn darstellt. Lassen Sie Ihren Hund zuschauen, wie Sie das Fahrrad berühren. Motivieren Sie ihn dazu, sich selbst mit dem Gegenstand auseinanderzusetzen, das Fahrrad zu beschnuppern, zu untersuchen und sich von seiner Ungefährlichkeit zu überzeugen. Bekommt Ihr Hund diese Gelegenheit, wird er zukünftig keine Probleme mehr mit diesem Gegenstand haben.

Auch eine Möglichkeit, seinen Hund an die Existenz von Fahrrädern zu gewöhnen. ☺

In meiner täglichen Arbeit zeigt sich immer wieder, wie wenig Zeit Hunden für eigeninitiiertes Handeln zugestanden wird. In unserer Verantwortung liegt es, dies zu ändern und damit dem Hund unter anderem die Chance zu geben, mit den Anforderungen unseres Alltags besser klarzukommen.

Selbstwahrnehmung

Die Wahrnehmung ist ein besonders vielschichtiges Thema. Wie ich schon im Kapitel über die Kommunikation aufgezeigt habe, verfügen Hunde über ein weitaus größeres Wahrnehmungsvermögen als wir Menschen. Durch ihr weiteres Gesichtsfeld und ihr besseres Hör- und Geruchsvermögen sind Hunde wahre Meister im Bereich der Fremdwahrnehmung. Sie hören uns, lange bevor wir in Sichtweite kommen, sie spüren uns auf, selbst wenn wir uns verstecken, und sie nehmen unsere Befindlichkeiten wahr, selbst wenn wir versuchen, diese zu verbergen. Doch darüber hinaus stellt sich die Frage, ob sie sich auch selbst als Individuen wahrnehmen können. Zur Selbstwahrnehmung gehört, sich nicht nur der eigenen körperlichen, sondern auch geistigen Verfassung bewusst zu sein. Verfügen sie über ein Bewusstsein, das sie klar erkennen lässt, wer sie sind, wie sie sich fühlen und wie sie auf andere wirken?

Während viele Hundehalter, die eng mit ihrem Tier zusammen leben, diese Frage voller Überzeugung bejahen würden, weil sie dies anhand vieler Beobachtungen einfach als selbstverständlich ansehen, ist es relativ schwer bis unmöglich, dies wissenschaftlich zu beweisen. Letztendlich ist es beim jetzigen Stand der wissenschaftlichen Forschung über die kognitiven Fähigkeiten unserer Haustiere eine Frage der eigenen Überzeugung, ob man ihnen Attribute zugesteht, die bisher dem Menschen vorbehalten waren.

Nehmen wir uns Beispiele:

- Beobachtet man zwei Rüden während des Imponierens, stellt man fest, dass meist beide Tiere das Rückenhaar aufstellen, die Rute steil in die Höhe recken, die Gliedmaßen strecken und auf Zehenspitzen zu stehen scheinen; denn sie machen sich so groß wie irgend möglich. Daraus könnte man schließen, dass Größe bewusst eingesetzt wird, was wiederum die Schlussfolgerung zulassen würde, dass Hunde sich selbst wahrnehmen, sich ihrer (in diesem Fall körperlichen) Größe bewusst sind und

diese auch zielgerichtet verändern. Ebenso könnte man aber auch davon ausgehen, dass es sich um ein instinktives Verhalten handelt, das der Hund nicht willentlich zeigt, sondern das – gesteuert über das Zentralnervensystem – einfach abgerufen wird, sobald der vermeintliche Gegner erscheint.

- Wenn Hunde Gras fressen, um zu erbrechen, macht das für einige Menschen deutlich, dass sie sich ihres Unwohlseins bewusst sind und auch wissen, was sie dagegen tun können. Andere hingegen gehen wieder von einem instinktgesteuerten Verhalten aus, das nichts mit bewusster Wahrnehmung zu tun hat.

- Die meisten Hunde zeigen erst sehr spät an, wenn sie Schmerzen haben, und versuchen stattdessen, fit und aktiv zu wirken, denn körperliche Einschränkungen können im innerartlichen Kontakt Konsequenzen zur Folge haben. Manch einer glaubt, Hunde müssten sich hierüber im Klaren sein, um ihre körperliche Einschränkung bewusst überspielen zu können. Andere sagen wieder, es handele sich um instinktives Verhalten und wieder andere argumentieren, Hunde seien eben nicht so wehleidig wie Menschen, da in ihrer Erziehung nicht so viel Mitleid durch erwachsene Tiere/ Eltern gezeigt würde wie speziell beim Homo sapiens.

Auch diese Liste ließe sich nun wieder endlos fortsetzen – ohne zu einem unanfechtbaren Ergebnis zu kommen. In jedem Fall lohnt es aber, sich über diesen Punkt einmal Gedanken zu machen! Ich bin überzeugt davon, dass Hunde sehr wohl wissen, wer sie sind, in welcher körperlichen Verfassung sie sich befinden und wie sie auf andere wirken. Anders ließe sich für mich zum Beispiel nicht erklären, warum sich ein sehr großer Hund in der freundlichen Begegnung mit einem deutlich kleineren hinlegt, um selbst kleiner bzw. ungefährlicher zu wirken. Ebenso konnte ich schon beobachten, wie sich ein sehr großer Hund auf den Rücken legte und von einem viel kleineren spielerisch würgen ließ, um diesem die Angst vor dem gemeinsamen Toben zu nehmen – was im Übrigen auch funktionierte. Alte und/ oder kranke Hunde lassen sich häufig nicht mehr auf Auseinandersetzungen ein, denen sie in jüngeren Jahren nicht aus dem Weg gegangen wären, weil sie wissen (geistig) und spüren (körperlich), dass sie wahrscheinlich die Unterlegenen wären. Ebenso nehmen sie hilfesuchend Blickkontakt mit ihrem Menschen auf, wenn sie Aufgaben nicht mehr bewältigen können, die früher keine Schwierigkeiten für sie dargestellt hätten, was das Erkennen des Sachverhaltes voraussetzt.

Faszinierend ist auch der Fall des Hundes Red, einem Lurcher aus London, England, dessen Geschichte 2004 um die Welt ging. In einem Tierheim fanden die Pfleger morgens immer wieder geöffnete Zwingertüren, frei herumlaufende Hunde, herumliegendes Spielzeug und eine verwüstete Futterküche vor. Sie gingen zunächst davon aus, die Türen selbst nicht ordentlich verriegelt zu haben, aber nachdem dies sichergestellt war und die Hunde am nächsten Morgen trotzdem aus ihren Zwingern gelangt waren, stellten sie Kameras auf, da sie vermuteten, jemand wolle ihnen übel mitspielen. Insbesondere ein früherer Kollege war in Verdacht. Beim Abspielen des aufgenommenen Videos bot sich ihnen jedoch ein ganz anderes Bild! Einer der Hunde, nämlich ein Lurcher namens Red, hatte offensichtlich über Nachahmung und/ oder Versuch und Irrtum gelernt, seine Zwingertür von innen zu öffnen. Gekonnt öffnete er seine Tür, sobald alle Pfleger weg waren – schon dies setzt einen gewissen Denkprozess voraus; denn hätte er sie geöffnet, solange diese noch da gewesen wären, hätte dies einfach nur zur Folge gehabt, dass er wieder eingesperrt worden wäre. Aber damit nicht genug, zeigte er weitere Handlungen und Gefühle, die bisher nur Menschen zugestanden wurden. Er wollte offen-

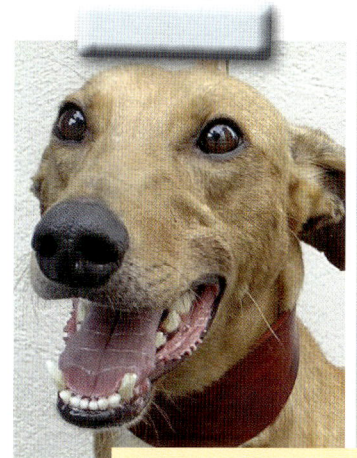

Der Rüde „Red" befreite regelmäßig sich selbst und andere Hunde aus den Tierheimzwingern.

sichtlich seinen Hundegefährten ebenfalls die Möglichkeit geben, gemeinsam Spaß zu haben und die Futterküche zu plündern, denn er öffnete in der immer gleichen Reihenfolge die Zwingertüren der anderen Hunde. Nach einem ausgiebigen gemeinsamen Spiel, zu dem auch die begehrte Spielkiste, die den Hunden nicht immer zugänglich war, geleert wurde, wurde dann gemeinsam in der Futterküche gefressen, um anschließend eine Ruhephase einzulegen. Das alles war genau auf dem Video zu sehen. Man stellte an mehreren Abenden die Kamera auf und es war immer das gleiche Szenario. Hätte jemand vor diesen Aufnahmen von einem Hund erzählt, der nicht nur seine Tür, sondern auch die seiner Kumpels öffnet, um sich dann einen netten Abend mit ihnen zu machen, hätte man ihn für verrückt erklärt. Nachdem dieses Video um die ganze Welt ging, wollten tausende von Leuten genau diesen Hund adoptieren, der bis dahin völlig unbeachtet im Tierheim saß. Statt aber weiter an seinen kognitiven Fähigkeiten zu forschen und diese zu fördern, brachte man einfach nur andere Schlösser an den Zwingertüren an, die er nicht mehr öffnen konnte. Typisch Mensch! Hauptsache, der Hund ist wieder aufgeräumt – was es für dieses hochintelligente Tier bedeutet, wieder zur Untätigkeit verdammt herumzusitzen, darüber wurde leider nicht nachgedacht. Und auch nicht darüber, wie viele intelligente, hoch sensible Hunde ihr Leben zur Untätigkeit verdammt in trostlosen Zwingern verbringen müssen. Die Leistung dieses Hundes war nach damaligem, und ist nach heutigem Wissensstand über die kognitiven Fähigkeiten unserer Hunde eine Sensation – warum reagieren wir nicht endlich und sehen in Hunden genau die intelligenten und mitfühlenden Lebewesen, die sie ganz offensichtlich sind?!

Wichtige Aspekte über das Zusammenleben von Mensch und Hund

Das Zusammenleben von Mensch und Hund unterliegt sicher ebenso vielen unterschiedlichen Komponenten wie das zwischen Mensch und Mensch. Der Mensch hat den Wunsch, sein Leben mit einem artfremden, aber doch irgendwie auch vertrauten Lebewesen zu teilen – deshalb schafft er sich einen oder mehrere Hunde an. Was den Hund bewegt, mit uns leben zu wollen, bleibt ein Mysterium. Es gibt beinahe so viele unterschiedliche Theorien darüber, wie es Hunde gibt. Aber eines dürfte klar sein: Beide Parteien wünschen sich ein harmonisches Leben miteinander. Sicher, wir können Hunde hierzu nicht befragen, aber schon die Gesetze der Logik lassen vermuten, dass dem so ist. Und die Beziehung von uns Menschen zu Hunden, unsere Wünsche und Vorstellungen, die wir an sie richten, wurden in zahllosen Doktorarbeiten, Umfragen und Analysen untersucht.

Steinzeitliche Felszeichnungen belegen, dass Hunde schon seit Tausenden von Jahren mit dem Menschen leben.

In den letzten Jahren machen sich Hundehalter erfreulicherweise zunehmend Gedanken über die Bedürfnisse ihrer Tiere und fragen sich vermehrt, was sie zu einem reibungslosen Familienleben mit ihrem Hund beitragen können. Denn logischerweise können wir von einer echten Symbiose, also einer Lebensgemeinschaft zum *gegenseitigen* Nutzen sprechen, wenn sich beide, Mensch und Hund, wirklich wohl miteinander fühlen und trotz (oder auch gerade wegen) ihrer Andersartigkeit voneinander profitieren.

Ich möchte hier abschließend einige der Fähigkeiten und Faktoren ansprechen, die diese Symbiose möglich machen bzw. sie beeinflussen:

Soziale Kompetenz (soft skills)

Ohne soziale Kompetenz ist das Leben in einer Gemeinschaft, gleich welcher Struktur, nicht denkbar. Die Einstellung zu unseren Mitmenschen und anderen Lebewesen, die Fähigkeit oder Unfähigkeit zu Mitgefühl und Einfühlungsvermögen, Eigenreflektion und die richtige Einschätzung anderer bestimmen die Qualität des sozialen Miteinanders. All diese Komponenten beeinflussen nicht nur den Umgang mit unserem Hund, sondern unsere Form des Umgangs mit anderen beeinflusst zwangsläufig auch das Verhalten unserer Hunde, zum Beispiel durch Stimmungsübertragung, Idolfunktion und Nachahmung.

Dabei darf nicht vergessen werden, dass Hunde über ihre eigenen Regeln der sozialen Kompetenz verfügen, von denen wir übrigens durchaus lernen können.

Teamfähigkeit

Bei der Verteidigung von Ressourcen manchmal eher egoistisch eingestellt, weisen Hunde insgesamt eine hohe soziale Kompetenz auf, die sich unter anderem durch eine gute Teamfähigkeit auszeichnet. Ein Beispiel hierfür ist das gemeinschaftliche Jagen, das selbst unsere domestizierten Haushunde bei sich bietender Gelegenheit durchführen können. Diese Fähigkeit zur Kooperation ist auch im Zusammenleben mit dem Menschen von großer Bedeutung. Gut ausgebildete Rettungshunde sind hier ein gutes Beispiel, denn sie arbeiten selbstständig in den Trümmern, bilden aber trotzdem ein Team mit dem Halter. Mensch und Hund ergänzen sich in dieser Arbeit ideal und können so gemeinsam Ziele erreichen, die, auf sich allein gestellt, für beide nur schwerlich, wenn überhaupt, zu erreichen wären.

Manchmal sind es aber auch die kleinen Dinge, die ein Team ausmachen, und auch im Alltäglichen lassen sich immer wieder Beispiele dafür finden, wie sich Mensch und Hund ergänzen. Sei es, dass der Hund von ganz allein beginnt, die Leine zu bringen, wenn sich sein Mensch zum Spaziergang fertig macht, oder dass er die Zeitung holt, wenn er hört, dass sie durch den Briefschlitz gefallen ist. Abgesehen davon werden Hunde aber auch in komplexen Trainingsprogrammen zum Helfer des Menschen ausgebildet, zum Beispiel als Behindertenbegleithund, Blindenführhund, Drogenspürhund, Therapiehund usw.

Konsequenz

Einer der wichtigsten Faktoren – sowohl allgemein als auch im Zusammenleben mit dem Hund – ist die Konsequenz. Letztlich bedeutet dies nichts anderes, als Regeln aufzustellen und diese Regeln grundsätzlich und immer einzuhalten. Dadurch wird der Mensch für den Hund zum verlässlichen Partner, denn Konsequenz und somit Verlässlichkeit geben dem Hund Sicherheit. Wichtig ist hierbei aber, Konsequenz nicht mit unnötiger Strenge/ Härte oder Pedanterie zu verwechseln! Beides macht dem Hund das Leben zur Hölle und ist überhaupt nicht geeignet, ein vertrauensvolles Miteinander entstehen zu lassen.

Vertrauen

Das Vertrauen zwischen Mensch und Hund ist von elementarer Bedeutung. Die meisten Hunde werden im Alter von acht bis neun Wochen von der Mutter weggenommen und zu ihrem Halter gegeben. Dort haben sie meist nicht allzu viele Möglichkeiten, von anderen Hunden zu lernen, zum Beispiel, wie sie sich im menschlichen Alltag zurechtfinden können und wie sie sich anderen Hunden gegenüber adäquat verhalten. Mitten in der wichtigsten Lernphase des Hundes, die bis etwa zur 21. Woche andauert, ist nun der Mensch dafür verantwortlich, den Welpen zu einem sozialverträglichen, umweltsicheren Hund werden zu lassen. Um das zu erreichen, muss der Hund dem Menschen vertrauen können. Vertrauen entsteht, wenn der Mensch für den Hund berechenbar ist, das heißt konsequent ist in seiner Handlungsweise, den Hund ruhig und souverän führt, ihm auf diese Weise also als verlässlicher Partner dient. Führungsqualität besitzt auch unter Hunden der, der souverän und gelassen mit den Situationen umgeht und, wenn nötig, „klare Ansagen" ohne unnötige Brutalität macht.

Das bedeutet nicht, mit dem Hund stundenlang zu diskutieren! Es geht um die Vermittlung von für den Hund eindeutig interpretierbaren Informationen. Wenn Sie „Stopp!" rufen, weil Ihr Hund in Richtung Schnellstraße unterwegs ist, ist es für ihn überlebenswichtig, dass er diese Anweisung umgehend befolgt. Das tut er jedoch nur, wenn

a er das Kommando „Stopp!" mit einer entsprechenden Handlung verknüpft hat, und zwar
b in positiver Weise, sprich: Er wurde im Aufbau des Kommandos für die korrekte Ausführung (stehen bleiben) positiv verstärkt (Belohnung);
c er nicht trotz Ausführung des Kommandos wegen des zunächst Losrennens einmal oder wiederholt bestraft wurde;
d Ihre Körpersprache zu dem gesprochenen Kommandowort passt. Mit anderen Worten, wenn Sie „Stopp!" rufen, dabei aber wild fuchtelnd herumrennen, wird Ihr Hund wahrscheinlich weiter laufen, wenn er nicht extrem gut eintrainiert ist.

Vertrauen entsteht aber auch dadurch, dass wir unseren Hund in schwierigen Situationen schützen oder dadurch, dass der Hund durch unseren Umgang mit ihm spürt, dass wir es gut mit ihm meinen.

Vorbildfunktion

Soziale Kompetenz beinhaltet zwei Komponenten:
- Zum einen die Fähigkeit, von anderen zu lernen und
- zum anderen, selbst auch als Vorbild für andere dienen zu können.

Nun ist es so, dass wir weder lauter bellen, erfolgreicher jagen oder ausdauernder laufen können als Hunde. Ich glaube übrigens auch nicht, dass Hunde das von uns erwarten, sondern bin vielmehr überzeugt davon, dass Hunde ziemlich schnell begreifen, dass wir in diesen Punkten wahre Nullnummern sind. Das Wunderbare ist: Sie mögen uns offensichtlich trotzdem! Wahrscheinlich sehen sie in uns so etwas wie Sozialpartner mit anderer Artzugehörigkeit.

Der soziale Umgang aber, den wir mit Mensch und Tier pflegen, sowie die Art und Weise, wie wir mit besonderen Situationen umgehen, kann unseren Hunden aber sehr wohl als Wegweiser für ihr Verhalten dienen – und dessen sollten wir uns auch immer bewusst sein.

In den Städten sieht man häufig Obdachlose oder Punks mit ihren Hunden. Die Tiere machen einen entspannten und zufriedenen Eindruck. Möglicherweise liegt das daran, dass Menschen in Ausnahmesituationen oder mit einer von der „Norm" abweichenden Lebensweise nur den Hund als verlässlichen Sozialkontakt haben und deshalb eine besonders starke Bindung zu ihm aufbauen.

Emotionale Kompetenz

Die Fähigkeit, sich in andere hineinzuversetzen, ihre Gefühle nachzuempfinden und zu verstehen, ist ein Zeichen von emotionaler Kompetenz. Dass Hunde ebenso wie Menschen Gefühle haben und diese zum Ausdruck bringen, steht außer Frage. Sie sind echte Kommunikationspartner, die wir als solche wahrnehmen sollten. Dazu müssen wir uns mit der Sprache der Hunde beschäftigen, müssen lernen zu verstehen, was sie uns über ihre Körpersprache, Mimik und auch Lautgebung mitzuteilen versuchen. Dieses Wissen eröffnet uns dann die Möglichkeit, Wege zu finden, wie wir uns unseren Hunden mitteilen können. Gegenseitiges Verständnis wiederum lässt uns gemeinsame Ziele erreichen.

Motivation

Das Handeln von Mensch und Tier ist oft ziel- bzw. ergebnisorientiert und die Motivation, positive Ergebnisse zu erzielen, wird immer höher sein, als die, Negatives zu erleben. Diese Motivation können wir uns in der Kommunikation mit unseren Hunden zu Nutze machen, indem wir gewünschtes Verhalten positiv verstärken. Als positiver Verstärker kann die Futterbelohnung, ein gemeinsames Spiel, positive Zuwen-

dung durch Streicheln oder einfach das eingesetzt werden, was der Hund jetzt am liebsten hätte oder tun würde. Über positive Verstärkung sind gemeinsame Trainingsziele schnell, effektiv und vor allem mit Freude für Mensch und Hund zu erreichen! ☺

Sympathie und Antipathie

Sympathie bzw. Antipathie bestimmen zu einem ganz wesentlichen Teil, ob wir uns zu einem Gegenüber hingezogen fühlen oder nicht, und beeinflussen natürlich auch unseren Umgang mit diesem Gegenüber. Das gilt nicht nur für Menschen, sondern auch für Hunde. Finden wir einen Hund sympathisch, hat er irgendetwas an sich, das uns anzieht, sind wir eher bereit, über kleine Fehler in seiner Persönlichkeit hinweg zu sehen. Finden wir ihn jedoch unsympathisch, werden die gleichen kleinen Fehler stark fokussiert, denn sie bestätigen ja den schlechten Eindruck, den wir sowieso schon hatten.

Zeigt der Hund unerwünschte Verhaltensweisen, kommt es häufig zu einer Verschiebung von zunächst empfundener Sympathie zu inzwischen aufgestauter Antipathie. Der Hund ist „schlimm", irgendwie hatte man es ja gleich gewusst, dass mit dem was nicht stimmt usw. usw.

Während einer Verhaltensanalyse stelle ich gern eine bestimmte Frage, um herauszufinden, wo auf der Skala zwischen Sympathie und Antipathie sich der Halter zur Zeit befindet. Diese Frage lautet: „Wie empfinden Sie das Verhalten Ihres Hundes?"

Die häufigsten Antworten sind:

- Der benimmt sich wie ein Verrückter.
- Ich kann nicht mehr, der macht, was er will.
- Ich verstehe sein Verhalten einfach nicht und bin nur noch genervt von ihm!
- Die Menschen, die uns begegnen, halten mich für einen Versager.
- Ich mache alles falsch im Umgang mit meinem Hund.

Wir sehen an diesen Antworten, dass der Hund als problematisch angesehen wird, der Halter deutlich genervt ist und bereits eine Verschiebung zur Antipathie eingesetzt hat. Hier gilt es nun, Verständnis beim Halter für das Verhalten seines Hundes zu wecken, denn über das Verständnis für die Situation seines Tieres und dessen Handlungen kommen wir wieder zu Mitgefühl und Sympathie – und beides brauchen wir für das anschließende Training zur Verhaltenskorrektur. Denn eines ist klar: Kommt der Halter bereits genervt über den eigenen Hund ins Training und versteht die Gründe für dessen Verhalten nicht, wird sein Geduldsfaden bald reißen. Das Training wird nun ruppiger, und zeigt es nicht schnell die gewünschten Erfolge, wird entweder wütend oder resigniert und verzweifelt über die Abgabe des Hundes nachgedacht. Gelingt es aber, Verständnis für den Hund und sein Handeln zu wecken, wird der Halter mit viel mehr Ruhe, Geduld und Liebe zu seinem Tier arbeiten... was den Trainingserfolg wahrscheinlicher macht.

Die Einstellung gegenüber dem Hund

Die Einstellung des Halters gegenüber dem eigenen Hund sowie seine Einstellung zum als Problem empfundenen Verhalten haben direkte Auswirkungen auf die Art und Weise, in der der Halter den Hund in Problemsituationen zu beeinflussen versucht.

Auch hierzu ein Beispiel:

- Halter A, B und C haben jeweils einen so genannten „Kläffer" an ihrer Seite. Halter A empfindet dieses Verhalten nicht als problematisch, versucht es aber dennoch zu reglementieren, da ihm bewusst ist, dass sich sein Umfeld gestört fühlen könnte. Sein sanftes und wenig überzeugendes „Kira, hör doch mal auf..." hat auf das Verhalten des Hundes keine Auswirkung. Er bellt weiter.

- Halter B ist äußerst genervt von dem ewigen Gekläffe und versucht es mit einem heftigen „Leo, aus! Schluss damit!" Aber auch dieser Hund bellt – spätestens nach wenigen Sekunden der Unterbrechung – weiter.

- Halter C hingegen ist verunsichert über das Bellen und versucht, den Hund durch Streicheln zu beruhigen. Auch dieser Hund bellt weiter.

Alle drei Halter versuchen hier – mehr oder weniger motiviert – das Symptom, also das Bellen, zu unterbinden. Wichtig wäre jedoch die Frage: *Warum* bellt der Hund? Die Beschäftigung mit der Suche nach der Ursache beinhaltet die Akzeptanz der Tatsache, dass der Hund irgendetwas mitteilen möchte, ohne dieses in irgendeiner Weise zu werten.

Die Arbeit an der Ursache des Problems verhilft dem Halter im Allgemeinen auch zu einer neuen Einstellung. Wenn er erkannt hat, welche Hintergründe das unerwünschte Verhalten hat, können Lösungswege gefunden werden, und aus Genervtheit, Ablehnung oder Verunsicherung entsteht wieder Zuneigung.

Außenstehende, die sich durch das Verhalten des Hundes seither gestört gefühlt hatten, zeigen zudem häufig eher Verständnis, wenn sie erfahren, warum der Hund dieses Verhalten zeigt, und dass sich der Halter um eine Lösung des Problems bemüht.

Dies alles kommt unmittelbar dem Hund zugute. Statt negativer Gefühle wie Gereiztheit, Wut und Ärger werden ihm positive wie Verständnis und Geduld entgegen gebracht. Das hilft ihm, eventuelle Ängste abzulegen, Neues zu lernen und insgesamt entspannter zu bleiben.

Externalisierung

„**Der** macht, was er will."
„**Die** hört heute gar nicht."
„Bei großen schwarzen Hunden rastet **der** aus."
„Wenn wir arbeiten gehen und **er** allein zuhause ist, bellt **er** die ganze Ze**it**."
„**D**er steht so unter Strom, weil ich ihn nie ableinen kann."

Bei all diesen Äußerungen findet eine so genannte Externalisierung statt. Der Mensch nimmt eine Trennung zwischen dem Problem und sich selbst vor und distanziert sich somit zugleich von demjenigen, der das Problem zeigt - in diesem Fall dem Hund. Dadurch kommt keine wirkliche Kommunikation zwischen Mensch und Hund mehr zustande, die jedoch zur Ergründung der Ursache und der anschließenden Arbeit daran notwendig ist. Das führt häufig dazu, dass unsinnige und tierschutzrelevante „Erziehungshilfen" wie Stachelhalsbänder oder Stromimpulsgeräte zum Einsatz kommen, denen man zuvor ablehnend gegenüber stand. Dem geliebten „Leo" ein Reizstromgerät oder Sprühhalsband umzubinden und ihm damit Schmerz und Leiden zuzufügen, ist schwer, leichter wird das bei „dem Hund", der nicht hören will... Abgesehen von einer gewissen Distanzschaffung über die Externalisierung wird so auch dem Tier die Verantwortung/ Schuld für sein Fehlverhalten zugeschoben. Dies dient einerseits als Rechtfertigung und enthebt andererseits von der Notwendigkeit, nach den eigenen Fehlern zu suchen.

„Ich kann nichts dafür, dass sich der Hund so weit entfernt."

Stress

Stress beeinflusst die Kommunikation zwischen Mensch und Hund erheblich. Dabei ist es egal, wer unter Stress steht, er überträgt die Anspannung beinahe immer auf den Kommunikationspartner. Die physischen Reaktionen des Menschen auf Stress entsprechen im Großen und Ganzen denen des Hundes. Das Verhalten wird hektischer, die Bewegungen kantiger, die Atmung schneller und der Geruch (Pheromone, Stresshormone), der vom gestressten Lebewesen ausgeht, verändert sich drastisch. Das führt dazu, dass der Kommunikationspartner ebenfalls vermehrt Stresshormone wie Adrenalin, Noradrenalin und Cortisol ausschüttet und die o. g. Reaktionen zeigt.

Dauert Stress über lange Zeit an, kann es zusätzlich zu organischen Erkrankungen kommen. Zu den häufigsten Symptomen zählen hier Durchfall und Erbrechen, aber auch das Auftreten von Allergien, Schuppenbildung oder allgemein eine schlechte Fellbeschaffenheit und viele weitere gesundheitliche Probleme sind möglich.

Wenn Sie gestresst sind, wenn Sie gerade mit Ihrem Hund spazieren gehen wollen, verschieben Sie den Gang lieber um ein paar Minuten oder versuchen Sie, sich gezielt durch tiefes Durchatmen und Gedanken an etwas sehr Angenehmes runter zu fahren. Planen Sie für den Spaziergang etwas mehr Zeit ein, um nicht zusätzlich unter Druck zu geraten. Das hilft sowohl Ihnen als auch Ihrem Hund.

Stress und Aggression

Stress kann sowohl positiv (Eustress) als auch negativ (Distress) empfunden werden. In jedem Fall aber gehört Stress zu unserem Leben und stellt in Maßen erlebt auch gar kein Problem dar, denn der Organismus reguliert sich selbst nach Phasen der außergewöhnlichen positiven oder negativen Empfindung wieder auf ein Normalmaß herunter.

Probleme entstehen erst, wenn Eustress dauerhaft ausgelöst wird, mit anderen Worten ein Highlight das nächste jagt und der Organismus nicht mehr zur Ruhe kommt. Dann kommt es zu den gleichen negativen Auswirkungen wie beim negativ empfundenen Distress.

Distress geht häufig mit Aggression einher. Die Ausschüttung von Stresshormonen sorgt für eine stärkere Durchblutung der Muskeln. Der Körper steht förmlich unter Strom. Der „Fight-or-Flight"-Mechanismus setzt ein und das Verhalten des betroffenen Lebewesens wird aggressiver. Wie schon weiter oben erwähnt, ist das Tückische die schnelle Übertragbarkeit von Stressempfindungen auf das Gegenüber. Steht der Hundehalter zum Beispiel unter erheblichem (Di-) Stress, kann dies über die bereits erwähnte Stimmungsübertragung dazu führen, dass der Hund aggressives Verhalten an den Tag legt, zum Beispiel indem er andere Hunde anpöbelt.

Im Rahmen einer Dissertationsarbeit zum „Einfluss der Grundeinstellung des Hundehalters/ der Hundehalterin gegenüber Tieren auf das Verhalten des eigenen Hundes" (Hannover, 2008) kommt Liliane Tinka Bortfeldt zu dem Schluss, dass sich menschliches Verhalten sowohl positiv als auch negativ auf das Tier auswirken kann. Unterstützt werden ihre Erkenntnisse durch eine Studie der University of Pennsylvania, die zeigt, dass Hunde, die mit aversiven Mitteln „erzogen" wurden, sowohl ihren Haltern als auch Fremden und anderen Tieren gegenüber ein gesteigertes Aggressionsverhalten an den Tag legten.

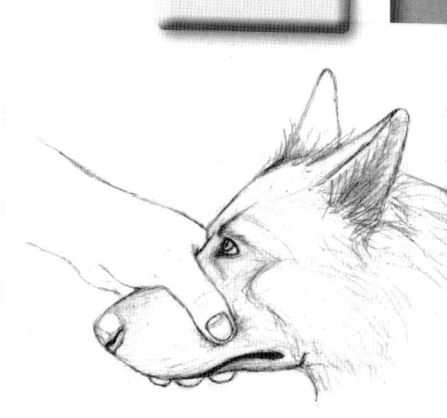

Als aversive Mittel gelten gewaltsame Maßnahmen, die gegen den Hund gerichtet sind, wenn er nicht so „funktioniert", wie es sich der Halter und/ oder Ausbilder wünscht. Hier kommen Schläge und Tritte, Leinenruck, Schnauzengriff, Alphawurf, den Hund ins „Platz" zwingen, auf die Seite werfen, am Nackenfell packen mit und ohne Schütteln, das starke Einschüchtern über Fixieren des Hundes zum Einsatz, aber auch die Anwendung von Stachelhalsbändern, Reizstromgeräten usw. Leider nach wie vor auch bei so genannten Hundetrainern, die ich aber nicht als Kollegen bezeichnen möchte. Seit `zig Jahren schon sind die negativen Auswirkungen einer solch brutalen Erziehung hinreichend bekannt, für mich bleibt es daher unverständlich, dass diese Methoden nicht endlich vom Gesetzgeber verboten werden, da sie unter anderem auch dem zur Zeit gültigen Tierschutzgesetz widersprechen. Bis eine gesetzliche Regelung in Kraft tritt, bleibt nur, alle verantwortungsvollen Hundehalter dazu aufzurufen, genau darauf zu achten, mit welchen Erziehungskonzepten und Ausrüstungsgegenständen der eigene Hund trainiert werden soll. Am schnellsten sortiert man das Terrain wahrscheinlich, wenn man denjenigen, die so arbeiten, die wirtschaftliche Grundlage für ihr Tun entzieht, indem man ihre Dienstleistung nicht in Anspruch nimmt.

Soziales Umfeld

Früher eher als Nutztier gehalten, hat sich der Hund inzwischen zum Begleiter und Sozialpartner des Menschen entwickelt. Die Zwingerhaltung ist (glücklicherweise) seltener geworden, die meisten Hunde leben eng mit ihren Menschen zusammen, mit allen positiven wie negativen Konsequenzen. Treten im heimischen Bereich Spannungen zwischen den Menschen oder zwischen Mensch und Hund auf, kann dies zu so genanntem Problemverhalten des Hundes führen, denn Streit oder allgemeine Unruhe in der Familie kann auf den Hund stark verunsichernd wirken. Die Reaktion auf eine solche Verunsicherung kann sehr unterschiedlich ausfallen. Manch ein Hund erduldet diese Situationen passiv, ein anderer wird phlegmatisch und zieht sich in sich selbst zurück, wieder ein anderer zeigt durch die starke Verunsicherung Abwehrtendenzen. Und auch übermäßiges Bellen, Hyperaktivität, das Zerstören von Gegenständen oder Selbstverstümmelung durch exzessives Knabbern

Die meisten Hunde leben heute glücklicherweise nicht mehr allein im Zwinger.

oder Belecken etc. können auftreten. Deshalb sollte man bei Spannungen im familiären Umfeld immer daran denken, dass auch der Hund unter ihnen leidet – manchmal mehr, als die Menschen selbst. Ich weiß von einem Fall einer Familie, die sich oft und heftig stritt, sich danach aber wieder versöhnte und achselzuckend meinte, so sei man eben: hart aber herzlich. Und die Menschen empfanden das auch wirklich so. Nur der Hund litt unter den ständigen Zankereien und Gefühlsausbrüchen so sehr, dass er anfing, sich zu verkriechen, zu wimmern und schließlich die Haare auszurupfen. Da die Familie keine Möglichkeit sah, ihr Verhalten grundlegend zu ändern, empfahl ich, für diesen sensiblen

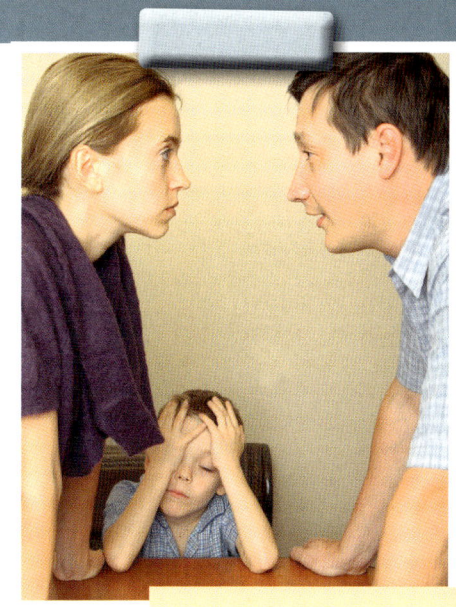

Unter häuslichen Streitigkeiten leidet auch der Hund.

Hund ein neues, ruhigeres Zuhause zu suchen, was auch getan wurde. Der Hund zog zu einem Ehepaar, das nach eigenen Angaben sehr selten und wenn, dann nur kurz stritt – und der Hund hörte schlagartig damit auf, sich das Fell auszureißen.

Entscheidend für das Wohlbefinden ist also auch das soziale Umfeld. Die Bindung und Verbindung zum Sozialpartner Mensch ist schon allein aufgrund der räumlichen Nähe ein wichtiger Faktor. Der Hund ist vom Menschen abhängig und zwar in praktisch jedem Lebensbereich. Ich empfehle meinen Kunden deshalb gerne, sich einmal hinzusetzen und sich zu den folgenden Fragen Notizen zu machen:

- Welche Bedürfnisse hat mein Hund? Werde ich ihnen gerecht? Möchte er zum Beispiel gerne mehr draußen sein? Wodurch fühlt er sich gestört? Woran erkenne ich, dass sich mein Hund wohl fühlt oder ob er gestresst oder unzufrieden ist?

- Was glaube ich, erwartet mein Hund von mir?

- Was wünsche bzw. erwarte ich von meinem Hund?
  Kann er diese Erwartungen erfüllen?
  Sind diese Erwartungen und Wünsche realistisch?

- Was denkt mein Hund wohl von mir? Wie sieht er mich?

Ganz wichtig bei der Beantwortung dieser Fragen ist das eigene Bauchgefühl, das es nicht zu unterschätzen gilt (Gigerenzer, 2007). Lassen Sie Ihre Notizen ein oder zwei Tage ruhen und lesen Sie sich Ihre Gedanken zu den Fragen dann noch einmal durch. Welche Punkte haben nach wie vor Bestand, welche können oder wollen Sie verändern?

Bei vielen Problemen mit dem Hund ist es oft schon äußerst hilfreich, sich diese Zeit zu nehmen, um den eigenen Standpunkt zu bestimmen und das eigene Verhalten zu hinterfragen. Ist der Mensch dem Hund ein stabiler, zuverlässiger Partner, kommt es eher selten zu problematischen Verhaltensweisen beim Hund.

Ein Rückzugsort

Zusätzlich kann ein Rückzugsort, der jedem Hund zur Verfügung stehen sollte, von immenser Bedeutung sein. Hierhin sollte sich der Hund auch wirklich – im wahrsten Sinn des Wortes! – zurückziehen dürfen, wenn er schlafen, seine Ruhe haben oder ohne Störung von außen einen Knochen beknabbern möchte.

Diesen Platz sollte sich der Hund selbst aussuchen dürfen, denn dann wird er ihn wesentlich freudiger annehmen als einen von Ihnen zugewiesenen, der vielleicht gar nicht so sehr seinen Vorstellungen entspricht. Außerdem sollte er so kuschelig ausgestattet sein, dass der Hund sich dort so richtig wohl fühlt.

Es versteht sich von selbst, dass jedes Familienmitglied akzeptieren muss, dass der Hund absolut in Ruhe gelassen wird, wenn er sich dorthin zurück zieht; denn das Gefühl von Sicherheit und Geborgenheit hängt davon ab, dass der Hund hier wirklich zur Ruhe kommen kann.

Die Kraft der Gedanken

Sehr spannend aufgrund seiner Vielschichtigkeit ist der Zusammenhang zwischen innerer Erwartungshaltung/ Einstellung und Körpersprache, letztere unterstützt durch Stimmmodulation und Stimmdruck.

Die mentale Einstellung, also die Vorstellung, wie sich eine Situation entwickeln wird, funktioniert in beide Richtungen – negativ wie positiv. Nicht umsonst lernen Sportler, Manager und viele andere Berufsgruppen in Seminaren, ihre Ziele zu visualisieren (Dr. Richard F. Estermann, 1999). Auf diese Weise stellen sich Körper und Geist auf die Anforderungen ein, die die Verwirklichung des jeweiligen Ziels begleiten. Man könnte sagen, das Erreichen dieses Ziels wird bereits vorweg im Kopf „erlebt". Unsere Gedankenwelt hat also offensichtlich unmittelbaren Einfluss auf den Verlauf, den eine Situation nehmen wird.

Ob eine Hundebegegnung freundlich verläuft, hängt auch davon ab, ob die Halter optimistisch gestimmt sind.

Für uns Hundehalter ist das Visualisieren von besonderer Bedeutung, weil unsere Hunde nicht nur anhand unserer Körpersprache, unserer Stimme und unseres Geruchs wahrnehmen, wie es um unsere Gemütslage bestellt ist. Stellen wir uns zum Beispiel bildlich vor, wie unser Hund beim Anblick eines anderen Hundes an der Leine ausrastet, überträgt sich dieses Bild nicht allein durch unsere Anspannung, die mit dieser Vorstellung einhergeht. Auch die Energie, die ein starkes mentales „Erleben" freisetzt, wird von unseren Hunden deutlich wahrgenommen.

Haben sich negative Erwartungen erst einmal in uns festgesetzt, natürlich auch aufgrund entsprechender Erfahrungen, fällt es naturgemäß schwer, wieder eine positive Haltung einzunehmen. Entspannungsübungen vor oder während eines Spaziergangs mit dem Hund können ein erster Schritt sein. Auch die Veränderung der täglichen Gassi-Routine ist eine Überlegung wert. Begegnet man beispielsweise beim üblichen Spaziergang zur üblichen Zeit täglich dem bewussten Rüden, dessen Anblick den eigenen Hund zum Ausrasten bringt, hilft meist bereits ein „Tapetenwechsel". Das Erkunden einer neuen Umgebung, neuer Wiesen und Waldwege ist anregend für den Hund und entspannend für den Halter.

Man kann problematischen Situationen natürlich nicht immer und überall aus dem Weg gehen. An einem Problemverhalten sollte gearbeitet werden, um es schließlich zu überwinden. Dabei kann ein Tagebuch hilfreich sein, das man zum Beispiel in zwei Spalten einteilen kann: Eine Plus-Spalte für „gut gemeistert" und eine Minus-Spalte für „Daran müssen wir noch arbeiten". Bei konsequenter Arbeit wird die Plus-Spalte bald immer länger werden und es wird ersichtlich, was man schon alles erreicht und welch tollen Hund man an seiner Seite hat.

Hilfe zur Selbsthilfe – oder: Der andere Blickwinkel

Manchmal ist es sinnvoll, Hilfe von außen in Anspruch zu nehmen. Zum Beispiel, wenn man emotional zu sehr involviert ist, einem das Fachwissen zur richtigen Einschätzung fehlt oder man die eigene Sicht der Dinge von einem neutralen Dritten überprüfen lassen möchte. In diesem Fall suchen Sie sich einen kompetenten Hundetrainer oder Tierpsychologen. Fragen Sie aber genau nach, mit welchen Methoden er arbeitet, welche Ausbildung er hat, wie und wo er sich fortbildet und wie er sich die Treffen mit Ihnen und Ihrem Hund

vorstellt, damit Sie nicht erst beim Zusammentreffen feststellen, dass die angebotene Dienstleistung nicht Ihren Vorstellungen entspricht.

Im Zeitalter des WorldWideWeb ist es alltäglich geworden, sich Tipps und Infos aus dem Internet zu erfragen, zum Beispiel in den entsprechenden Foren oder auch bei Fachleuten. Viele Trainer und Tierpsychologen bieten Beratungen per email oder Telefon an. ABER VORSICHT! Bedenken Sie bitte, dass die auf diese Weise erhaltenen Tipps immer nur so gut sein können, wie die Einschätzung und Beschreibung des Problems durch den Halter ist, die dieser dem Berater zukommen lässt. Eine nicht ungefährliche Sache, da man sich selbst gegenüber meist alles andere als objektiv ist. Eigene Fehler, die ein so genanntes Problemverhalten des Hundes auslösen bzw. unterstützen können, bleiben so oft unbemerkt.

Zusätzlich entspricht das vom Halter beschriebene Verhalten des Hundes nicht unbedingt der Realität; denn würde dieser sich mit Hunden so gut auskennen, dass seine Beobachtungen, Beschreibungen und Interpretationen des Verhaltens genau stimmten, bräuchte er keine Hilfe von außen – er wüsste selbst die Lösung. Es kommt sehr häufig vor, dass mir Hundehalter mit inbrünstigster Überzeugung schildern, ihr Hund zeige überhaupt keine Beschwichtigungssignale, hätte ein schlechtes Gewissen, wenn er dies oder jenes gemacht hätte oder würde Handlungen nur zeigen, um zu dominieren usw. usw. Diese Äußerungen sind emotional gefärbt und fachlich einfach falsch.... auch wenn dem Halter dies nicht bewusst ist.

Wenden Sie sich deshalb an einen fachlich versierten Ansprechpartner. Adressen von ausgebildeten Trainern, die ohne Starkzwang etc. arbeiten, finden Sie zum Beispiel unter www.ibh-hundeschulen.de. Der Trainer wird sich mit Ihnen ausführlich unterhalten, gemeinsam mit Ihnen einen Trainingsplan erarbeiten und Sie und Ihren Hund auf dem gemeinsamen Weg unterstützen.

Gedanken zum Schluss

Manchmal ist es schwierig, ein Ende zu finden, weil man noch so viel mitteilen möchte. Wahrscheinlich könnte ich eine Enzyklopädie schreiben und würde mich noch immer fragen, ob ich nicht doch noch etwas vergessen hätte... und das Problem mit solchen Wälzern ist, dass sie kein Mensch liest, sie werden allenfalls ins Bücherregal gestellt, damit Freunde und Bekannte sehen, dass man sie hat – und eventuell zum Pressen von Blumen benutzt.

Ich hoffe, dass ich Ihnen mit meinen niedergeschriebenen Gedanken Anreize geben konnte, die wertvoll für Ihre Mensch-Hund-Beziehung sind, und lasse das Geschriebene jetzt einfach mal so stehen, um Freiraum für Ihre Gedanken und Gefühle zu lassen.

Ich wünsche Ihnen und Ihrem Hund ein glückliches Miteinander und jeden Tag mindestens einen Augenblick der besonderen Verbundenheit...

Jörg Tschentscher, 2009

Danke

Ich schreibe die letzten Zeilen und lasse alles noch einmal Revue passieren. Zu Beginn stand der Wunsch, wichtige Aspekte des einzigartigen Miteinanders von Hund und Mensch aufzuschreiben und mitzuteilen. Ich hoffe, dies ist mir gelungen. In jedem Fall hat es mir viel Freude bereitet, meine Ideen aufzuschreiben, manches ist beim Formulieren sogar für mich selbst noch einmal klarer geworden.

Unterstützt wurde ich von tollen Menschen und Hunden, denen ich an dieser Stelle danken möchte:

- Dem gesamten Team um Dr. med. vet. Ulrike Morys, für viel mehr als nur ein bisschen Unterstützung.
- Kathrin Löhring – Du hast nicht nur Fachwissen und Interesse an Hundeverhalten, sondern bist auch noch ein toller Mensch.
- Beate Weigold, für Deine Unterstützung, „Dibbelschisserei" und Dein konstruktives Hinterfragen.
- Dr. Günter Thomas, der es eigentlich wie Sokrates hält und vorgibt, dass er weiß, nichts zu wissen – dann aber die richtigen Impulse gibt.
- Dr. Susanne Crome, die den „Hundepsychologiestein" bei mir vor Jahren ins Rollen brachte und meine heutige Art zu arbeiten nachhaltig prägte.
- Susanne Siebertz und Ilona v. Treskow (Gangwerk) für die sofortige Bereitschaft, mit Rat und Tat zur Seite zu stehen.
- Ila Golzari von www.fiftyfifty-underdog.de – bitte unbedingt mal reinschauen. Hier wird tolle Arbeit geleistet.
- Sly und den vielen anderen, die – wenn auch nicht namentlich erwähnt - doch sehr wichtig sind.
- Clarissa v. Reinhardt und ihrem Verlagsteam – ohne Euch würde dieses Buch so nicht existieren. Es hat mir sehr viel Spaß gemacht, mit Euch zu arbeiten.
- Und last not least: DANKE meinen Superhunden Lena & Pablo, von denen ich so viel lernen durfte.

Quellen

- Grünberg-Ganglion, http://www.nzz.ch/nachrichten/wissenschaft/gruenberg-ganglion_lausanne_warnung_gefahr_1.812506.html
- Aktive Entspannung: Aktiv sein und Entspannung mit chinesischer Medizin, Fachklinik für TCM, www.fachklinik-fuer-TCM.de
- Die Pizza-Hunde, Günther Bloch, Kosmos, 2007
- Der Wolf im Hundepelz, Günther Bloch, Kosmos 2004
- Praxisleitfaden Kleintierassistenz, Thomas Steidl, Friedrich Röcken (Hrsg.), Schlütersche Verlag, 2005
- Neurotische Störungen und Psychosomatische Medizin, Hoffmann & Hochapfel, Schattauer Verlag, 7. Auflage, 2004
- Sind sie hochsensibel? Elaine N. Aron, mvg Verlag, 2005
- Kastration beim Hund, Dr. Gabriele Niepel, Kosmos-Verlag, 2007
- Verhaltensmedizin beim Hund, Schroll & Dehasse, Enke, 2007
- Die Kunst, mit dem Tier im Menschen umzugehen, Gerd Simoneit Barum, Robert Griesbeck, Gräfe und Unzer, 2007
- Emotionale Kompetenz, Claude Steiner, dtv, 2006
- Wilde Intelligenz, Marc D. Hauser, dtv, 2003
- Spitze im Sport – Spitze im Beruf, Dr. Richard F. Estermann, Orell Füssli Verlag, 3. Auflage, 1998
- Bauchentscheidungen, Gerd Gigerenzer, C. Bertelsmann, 2007
- Forever Young, Dr. Med. Ulrich Strunz, GU, 1999
- Überleben ums Verrecken, Rüdiger Nehberg, Malik/ piper Verlag, 2003
- Die Essenz der Meditation, Dalai Lama, Ansata, 2001
- Wie Hunde denken und fühlen, Stanley Coren, Kosmos, 2005
- Gehirn und Verhalten, Pritzel / Brand/ Markowitsch, Spektrum Verlag, 2003
- Hundepsychologie, Dr. Dorit Urd Feddersen-Petersen, Kosmos, 2004

- Ausdrucksverhalten beim Hund, Dr. Dorit Urd Feddersen-Petersen, Kosmos, 2008
- Das Gefühlsleben der Tiere, Marc Bekoff, animal learn Verlag 2008
- Calming signals, Turid Rugaas, animal learn Verlag 2001
- Calming Signals Workbook, Clarissa v. Reinhardt & Martina Scholz, animal learn Verlag, 2004
- Menschliche Kommunikation, Watzlawik/ Beavin/ Jackson, Huber, 2007
- Aggressionsverhalten beim Hund, Dr. med. vet. Renate Jones, Kosmos, 2003
- TTeam und TTouch in der tierärztlichen Praxis, Daniela Zurr, Sonntag, 2005
- Verhaltensbiologie für Hundehalter, Dr. Udo Gansloßer, Kosmos, 2007

- Bindungsstörungen, Ute Ziegenhain, Universitätsklinikum Ulm, Kinder & Jugendpsychiatrie
- Atlas der Anatomie des Hundes, Budras/ Fricke, Schlütersche, 1987
- Pheromone (IT-Recherche), Primarius Universität, Prof. Dr. Erich Müller, Tyl
- Pheromone reception in mammals, Bigiani, Università di Modena, Dipartimento di Scienze Biomediche, Modena, Italy, www.pubmed.gov
- Erschnüffelte Angst, Jan Hattenbach, 2008, http://www.spektrum.de/sixcms/detail.php?id=965451&_z=798888&_druckversion=1
- If you're aggressive, your dog will be too, Jordan Reese, University of Pennsylvania, 2/17/2009 http://www.bio-medicine.org/biology-news-1/If-youre-aggressive–your-dog-will-be-too–says-veterinary-study-at-University-of-Pennsylvania-7117-2/
- Das Riechorgan, ein verlorener Sinn? Baumann/ Caversaccio, 2008, www.unibe.ch/unipress/heft113/up_113.pdf
- Untersuchungen zum Einfluss der Grundeinstellung des Hundehalters/ der Hundehalterin gegenüber Tieren auf das Verhalten des eigenen Hundes; Einteilung der Grundeinstellungen nach Stephen R. Kellert, INAUGURAL- DISSERTATION, Liliane Tinka Bortfeldt, Hannover 2008
- Pheromones Identified that Trigger Aggression between Male Mice; Jennifer Wenger, http://www.nih.gov/news/pr/dec2007/nidcd-05.htm

eigene Notizen